“十四五”国家重点出版物出版规划项目

生态环境损害鉴定评估系列丛书　总主编　高振会

海洋环境损害鉴定评估技术

主　编　孙　菲　马启敏

参　编　李永祺　刘汝海　鲁　英

主　审　高振会

山东大学出版社
SHANDONG UNIVERSITY PRESS

·济南·

内容简介

本书主要介绍了海洋环境损害鉴定评估工作中常见的几种海洋环境损害类型及其评估方法，包括海洋环境损害鉴定概论、海洋环境损害司法鉴定程序、海洋环境质量(要素)司法鉴定、污染事故溯源与示踪、海洋生态损害司法鉴定、海洋动植物损害司法鉴定及其他海洋环境损害司法鉴定等内容。本书还讲述了部分海洋环境损害司法鉴定的案例，为从事海洋环境损害鉴定评估的专业人员提供了参考。

本书可供生态环境损害科研院所研究人员参考使用，也可作为高等院校环境类相关专业本科生、研究生教材，还可作为生态环境损害司法鉴定人员资格考试培训教材。

图书在版编目(CIP)数据

海洋环境损害鉴定评估技术/孙菲，马启敏主编
.—济南：山东大学出版社，2024.10.
(生态环境损害鉴定评估系列丛书 / 高振会总主编)
ISBN 978-7-5607-7867-9

Ⅰ. ①海… Ⅱ. ①孙… ②马… Ⅲ. ①海洋污染—危害性—评估—教材 Ⅳ. ①X55

中国国家版本馆 CIP 数据核字(2023)第 119900 号

责任编辑　祝清亮
文案编辑　曲文蕾
封面设计　王秋忆

海洋环境损害鉴定评估技术
HAIYANG HUANJING SUNHAI JIANDING PINGGU JISHU

出版发行　山东大学出版社
社　　址　山东省济南市山大南路 20 号
邮政编码　250100
发行热线　(0531)88363008
经　　销　新华书店
印　　刷　济南乾丰云印刷科技有限公司
规　　格　787 毫米×1092 毫米　1/16
　　　　　8.75 印张　181 千字
版　　次　2024 年 10 月第 1 版
印　　次　2024 年 10 月第 1 次印刷
定　　价　32.00 元

生态环境损害鉴定评估系列丛书
编委会

总 序

生态环境损害责任追究和赔偿制度是生态文明制度体系的重要组成部分，有关部门正在逐步建立和完善包括生态环境损害调查、鉴定评估、修复方案编制、修复效果评估等内容的生态环境损害鉴定评估政策体系、技术体系和标准体系。目前，国家已经出台了关于生态环境损害司法鉴定机构和司法鉴定人员的管理制度，颁布了一系列生态环境损害鉴定评估技术指南，为生态环境损害追责和赔偿制度的实施提供了快速定性和精准定量的技术指导，这也有利于促进我国生态环境损害司法鉴定评估工作的快速和高质量发展。

生态环境损害涉及污染环境、破坏生态造成大气、地表水、地下水、土壤、森林、海洋等环境要素和植物、动物、微生物等生物要素的不利改变，以及上述要素构成的生态系统功能退化。因此，生态环境损害司法鉴定评估涉及的知识结构和技术体系异常复杂，包括分析化学、地球化学、生物学、生态学、大气科学、环境毒理学、水文地质学、法律法规、健康风险以及社会经济等，呈现出典型的多学科交叉、融合特征。然而，我国生态环境司法鉴定评估体系建设总体处于起步阶段，在学科建设、知识体系构建、技术方法开发等方面尚不完善，人才队伍、研究条件相对薄弱，需要从基础理论研究、鉴定评估技术研发、高水平人才培养等方面持续发力，以满足生态环境损害司法鉴定科学、公正、高效的需求。

为适应国家生态环境损害司法鉴定评估工作对专业技术人员数量和质量的迫切需求，司法部生态环境损害司法鉴定理论研究与实践基地、山东大学生态环境损害鉴定研究院、中国环境科学学会环境损害鉴定评估专业委员会组织编写了生态环境损害鉴定评估系列丛书。本丛书共十二册，涵盖了污染物性质鉴定、地表水与沉积物环境损害鉴定、空气污染环境损害鉴定、土壤与地下水环境损害鉴定、海洋环境损害鉴定、生态系统环境损害鉴定、其他环境损害鉴定及相关法律法规等，内容丰富，知识系统全面，理论与实践相结合，可供环境法医学、环境科学与工程、生态学、法学等相关专业研究人员及学生使用，也可作为环境损害司法鉴定人、环境损害司法鉴定管理者、环境资源政府主管部门相关人员、公检法工作人员、律师、保险从业人员等人员继续教育的培训教材。

鉴于编者水平有限，书中难免有不当之处，敬请批评指正。

2023 年 12 月

前　言

随着我国海洋经济的迅速发展和海洋生态文明建设的推进，诸多海洋环境污染和生态破坏行为以及由此造成的海洋生态环境损害日益凸显。如何客观、科学地鉴定评估海洋环境损害是目前面临的重要课题，也是海洋环境损害赔偿诉讼中的实际需求。为此，本书是在总结我们近20年的海洋环境损害司法鉴定工作实践的基础上，为满足我国海洋环境损害诉讼和鉴定评估的需求进行编写的，目的是在实际工作中为从事海洋环境损害鉴定评估的专业人员提供基本参考，也可供相关业务的公检法办案人员、律师以及高校、科研、管理等部门和单位的工作人员和师生参考。

本书共分7章。第1章"海洋环境损害鉴定概论"介绍了海洋环境损害鉴定发展过程与现状，以及海洋环境损害鉴定事项；第2章"海洋环境损害司法鉴定程序"介绍了海洋环境司法鉴定工作中从委托到最终鉴定意见形成的过程，以及司法鉴定意见的审查质证和鉴定人的出庭等事项；第3章"海洋环境质量(要素)司法鉴定"介绍了海洋环境质量(要素)的鉴定范围、鉴定方法和基本步骤以及相关鉴定案例；第4章"污染事故溯源与示踪"介绍了油指纹鉴别和海洋沉积物物源分析；第5章"海洋生态损害司法鉴定"介绍了海洋生态损害鉴定的方法、流程、分类以及实际鉴定案例；第6章"海洋动植物损害司法鉴定"介绍了海洋动植物损害司法鉴定的范围、方法，以及海洋动植物损害鉴定基线确认方法；第7章"其他海洋环境损害司法鉴定"介绍了非法围填海、非法开采海砂、非法捕捞渔业资源的环境损害司法鉴定等。

本书在写作过程中得到了山东海事司法鉴定中心的大力支持，其提供了大量实际鉴定案例；同时得到了司法部生态环境损害司法鉴定理论研究与实践基地的大力支持和悉心指导，在此深表谢意。

由于时间关系以及作者的理论水平有限，书中可能存在一些不足和错误之处，恳请广大读者批评指正。

作　者

2023 年 11 月

目　录

第1章　海洋环境损害鉴定概论

1.1　海洋环境损害鉴定发展过程与现状

1.1.1　概念

地球表面约有71%的部分被海水覆盖，浩瀚无边的海洋蕴藏着极其丰富的资源：海水中存在80多种元素，生存着17万余种动物和2.5万余种植物。海洋是地球上所有生命的摇篮，它以无比的壮观和无尽的宝藏而让人类向往。然而，它在气候变化和环境污染面前却又是那么脆弱不堪。关注海洋、善待海洋、可持续开发利用海洋已成为全人类不可推卸的责任。

海洋环境损害是指因污染或破坏生态的行为导致海洋环境及其生态系统受到可观察的或可测量的损害。

海洋环境损害司法鉴定是指在海洋环境损害诉讼活动中，鉴定人员运用科学技术或专门知识对诉讼涉及的海洋环境损害专门性问题进行鉴别和判断，并提供鉴定意见的活动。

海洋环境损害司法鉴定意见是指在海洋环境损害诉讼活动中，鉴定人员运用科学技术或专门知识对诉讼涉及的海洋环境损害专门性问题进行鉴别和判断，并依据鉴定结果给出的结论和意见。

1.1.2　属性

(1)规范性：规范性是指任何一项活动的过程及各个环节都有一定的规矩和标准。海洋环境损害司法鉴定的规范性体现为：应当按照有关海洋法律法规和技术规范规定的程序和方法进行鉴定，司法鉴定机构及司法鉴定人员应当具备相应的海洋环境损害鉴定能力和资质，海洋环境损害司法鉴定意见书应符合法律法规和技术规范规定的程序、结构及内容要求等。

(2)科学性:科学性是指以事实为依据,尊重客观实际。海洋环境损害司法鉴定的科学性体现为:鉴定方法科学、概念正确、材料充分、过程客观和数据可靠等。海洋环境损害司法鉴定方法与调查监测方案的制定应保持科学性和可操作性。鉴定工作应严格按照鉴定委托事项的要求,按照科学设计的鉴定工作流程和方案来开展;有关数据和资料的搜集、样品的采集与运输、样品的分析检测等应按照有关技术规范来开展;鉴定意见作为鉴定的客观依据,不得主观臆测。

(3)公平性:公平性是指公正、不偏不倚,是司法鉴定的基础。海洋环境损害司法鉴定机构及鉴定人员应运用专业知识和实践经验,独立客观地开展司法鉴定和评估,不受任何干扰和影响。司法鉴定机构及司法鉴定人员不得与利益相关方等有利害关系。

1.1.3 制度

2017 年 12 月,中共中央办公厅、国务院办公厅印发《生态环境损害赔偿制度改革方案》(以下简称《改革方案》),明确自 2018 年 1 月 1 日起,在全国试行生态环境损害赔偿制度。

2019 年 6 月 5 日,最高人民法院颁布了《最高人民法院关于审理生态环境损害赔偿案件的若干规定(试行)》(以下简称《若干规定》),相关内容如下:

(1)司法鉴定法律制度是由司法鉴定的管理制度、启动制度、实施制度、质证制度、认证制度以及司法鉴定的程序制度和标准制度等构成的制度体系。司法鉴定制度的建设水平在一定程度上集中反映了一个国家法制建设的基本水平,同时也关乎一国司法制度、诉讼制度、证据制度的完善与发展。

(2)司法鉴定制度作为一种体系化的制度范式,各个部分密切相关。司法鉴定制度基本上可分为管理制度、启动制度、实施制度、质证制度、认证制度和程序制度等。其中,核心部分是管理制度、启动制度、实施制度和程序制度。这四个制度构建了司法鉴定制度的基本框架,从根本上保证了司法鉴定活动的有序开展。

(3)司法鉴定管理制度通常是指对司法鉴定机构和司法鉴定人员进行行政管理和行业指导的制度。司法鉴定管理制度的类型通常与行政权力的作用领域、社会权力的发育程度、司法鉴定的业务范围等紧密相联。司法鉴定管理制度从宏观上确立了司法鉴定活动的走向,梳理了司法鉴定活动的脉络。

(4)司法鉴定启动制度是由司法鉴定的启动主体、启动方式、启动程序等构成的制度体系。司法鉴定启动制度是举证制度的重要部分,直接关系并影响其他司法鉴定制度的发展变化。纵观当今世界,司法鉴定启动制度大体可分为两大类型:司法官启动制度和当事人启动制度。

(5)司法鉴定实施制度是由司法鉴定的实施主体(类型、地位、资格、能力、权利、义务以及责任)、实施程序、实施方法、实施标准等构成的制度体系。司法鉴定实施制度是司法鉴定制度的核心,通常属于行政管理的制度内容,是一个庞杂的体系。

(6)司法鉴定程序是指按照司法鉴定人活动的客观规律所制定的规范司法鉴定工作的具体步骤。司法鉴定程序制度建设的目标在于保证诉讼公正,体现效率价值。司法鉴定程序包括司法鉴定的申请、决定、委托和实施。

①司法鉴定的申请是指诉讼当事人及其利害关系人向司法机关提出司法鉴定的申请。司法鉴定的申请程序不是司法鉴定程序的必经程序。

②司法鉴定的决定是指司法机关对申请人司法鉴定的申请作出是否同意的答复。司法鉴定的决定程序是与司法鉴定的申请程序相对应的程序,同样也不是司法鉴定程序的必经程序。

③司法鉴定的委托是指司法鉴定的委托主体向司法鉴定实施主体提出的进行司法鉴定的要求,是司法鉴定程序的必经程序。司法鉴定的委托涉及委托主体、委托对象、委托人数、委托事项等内容。

④司法鉴定的实施是指司法鉴定人具体进行司法鉴定的活动,是整个司法鉴定程序的核心环节。司法鉴定的实施涉及接受委托,进行必要的观察、检查、实验以及补充或重新鉴定。

(7)鉴定人出庭制度是指鉴定人根据法律规定或者法院的要求参加法庭调查、质证的制度。鉴定人的出庭直接影响法官对鉴定意见的采信情况。

司法鉴定制度是指在司法鉴定活动中由社会认可、国家规定的正式约束(宪法、法律法规、技术标准规范等)、非正式约束(职业道德等)和实施机制的总和。司法鉴定制度可以简述为由国家法律规定的关于司法鉴定的机构设置、人员管理、运行程序和行为标准等方面的规则、规章和体制的总称,是有关鉴定活动的行为准则与规范的总和。司法鉴定的具体制度有司法鉴定统一管理制度(司法鉴定机构和鉴定人的执业许可制度、名册公告制度等)、司法鉴定实施制度(统一受理制度、回避制度、标准化和规范化制度等)、司法鉴定意见适用制度(质证制度、认证制度等)以及司法鉴定责任制度(鉴定人负责制度、错鉴追究制度等)等。

1.1.4　发展现状

环境损害司法鉴定是自2005年2月28日《全国人民代表大会常务委员会关于司法鉴定管理问题的决定》(以下简称《决定》)颁布实施以来,第一个司法部通过最高人民法院、最高人民检察院纳入统一登记管理范围的事项。

自2015年12月环境损害司法鉴定被纳入统一登记管理范围以来，司法部会同生态环境部切实加强对环境损害司法鉴定机构和司法鉴定人员的管理，努力推动环境损害司法鉴定制度化、规范化、科学化发展，基本满足了环境行政执法和环境资源诉讼的鉴定需求。

1.1.4.1 完善顶层设计

在依法商“两高”基础上，司法部确立了司法鉴定行政管理部门和行业主管部门牵头联合规范管理的工作格局，开创了一种全新的司法鉴定管理模式。相对于法医类、物证类、声像资料类(“三大类”)的司法鉴定管理，环境损害司法鉴定管理更加注重依法、合作、专业、规范、统一、务实，力求解决近年来司法鉴定管理工作中存在的准入不严、监管不严等问题。

在环境损害司法鉴定管理制度确立之初，司法部和生态环境部密切配合，以高资质、高水平为导向，对环境损害司法鉴定机构设置发展规划、环境损害鉴定事项范围、审核登记程序要求、监督管理工作等构建基本框架，作出总体设计，明确工作路径，引导环境损害司法鉴定行业健康发展。

为切实规范环境损害司法鉴定管理工作，司法部把制度建设作为根本性、长远性工作来抓，先后制定出台了一系列政策文件，全面提高了环境损害司法鉴定管理的制度化、规范化水平。截至2019年，司法部与最高法、最高检联合出台《关于将环境损害司法鉴定纳入统一登记管理范围的通知》，与生态环境部先后联合出台《关于规范环境损害司法鉴定管理工作的通知》《环境损害司法鉴定机构登记评审办法》《环境损害司法鉴定机构登记评审专家库管理办法》《关于遴选环境损害司法鉴定机构准入登记评审专家的公告》《关于环境损害司法鉴定机构登记评审专家库建设有关事项的通知》《环境损害司法鉴定机构登记评审细则》《环境损害司法鉴定执业分类规定》等。

相对于传统的“三大类”鉴定，环境损害司法鉴定涉及的专业领域广、部门多、技术复杂，准入登记工作审核难度大。司法部引入专家评审，在《决定》以及《司法鉴定机构登记管理办法》《司法鉴定人登记管理办法》等现有法律和制度规范框架内，进一步依法科学优化准入登记程序，将专家评审作为环境损害司法鉴定机构准入的必备环节，通过专家的严格把关，让一批技术条件好、人员素质高、综合实力强的法人或其他组织进入环境损害司法鉴定行业，以确保鉴定机构和鉴定人的质量。

1.1.4.2 坚持问题导向

针对全国范围内环境损害司法鉴定机构数量偏少、分布不均的问题，司法部加快准入了一批诉讼急需、社会关注的环境损害司法鉴定机构。

2018 年 9 月，司法部办公厅下发《关于进一步做好环境损害司法鉴定机构和司法鉴定人准入登记有关工作的通知》，明确提出六项要求，推动各地加快准入一批环境损害司法鉴定机构。司法部还加强了工作督导，建立了环境损害司法鉴定准入登记工作月报告制度，确保达到环境损害司法鉴定机构省域全覆盖的工作目标。截至 2019 年，全国经省级司法行政机关审核登记的环境损害司法鉴定机构达 111 家，鉴定人 2500 余名，基本实现了省域全覆盖，为打击环境违法犯罪、建设美丽中国提供了有力支撑。

针对环境损害司法鉴定执业管理范围和事项不够细化等问题，司法部研究制定了《环境损害司法鉴定执业分类规定》。2019 年 5 月，司法部在与生态环境部联合制定出台《环境损害司法鉴定机构登记评审细则》的基础上，正式印发了《环境损害司法鉴定执业分类规定》，将七大类鉴定事项细化为 47 个执业类别，进一步明确了鉴定机构和鉴定人的执业范围，规范了执业活动，为规范管理环境损害司法鉴定机构和鉴定人提供了政策支持，着力提升了环境损害司法鉴定管理的规范化、科学化水平。

针对鉴定周期长、技术规范和标准不统一的问题，司法部加快推进环境损害鉴定技术规范和标准建设。同时，司法部加强与有关部门、科研机构、专家学者的联系与协作，自 2017 年以来开展了多次环境损害鉴定评估标准汇编工作，已经向社会公开出版《生态环境损害鉴定评估法律法规与标准汇编》(上、中、下卷)，为满足当前鉴定工作需要，引导鉴定人科学、正确地使用环境损害司法鉴定技术规范和标准打下了基础。

针对费用高、收费标准缺失问题，司法部研究制定了环境损害司法鉴定收费指导性目录。司法部与生态环境部协作，多次与有关鉴定机构、鉴定人、专家学者、科研院所、大学院校等进行沟通和座谈，全面了解、深入研究分析导致环境损害司法鉴定费用高的政策、技术、管理等深层次原因，同时联合开展了环境损害司法鉴定收费指导性目录的制定工作，与国家发展和改革委员会有关部门进一步深入研究了相关问题，在部级层面推动出台指导性目录，推动各地尽快出台收费标准。

针对各地对环境损害司法鉴定管理经验不足等问题，司法部切实加强了对各地司法行政机关的指导。司法部及时跟踪督导各地地方库建设和环境损害鉴定机构登记评审、监管等工作，推进各项工作正常开展。2018 年 9 月，司法部制定印发了《关于进一步做好环境损害司法鉴定机构和司法鉴定人准入登记有关工作的通知》，对做好登记准入工作提出明确要求，确保达到 2018 年年底环境损害司法鉴定机构省域全覆盖的目标。截至 2019 年 5 月，有近 30 个省(自治区、直辖市)已建立地方专家库或已进入公告程序；大多数省(自治区、直辖市)开展了环境损害司法鉴定机构登记评审或者变更登记等工作。

1.1.4.3 服务中心大局

司法部紧紧围绕党中央、国务院关于生态文明建设的总体部署，进一步提高政治站位，充分发挥环境损害司法鉴定的功能和作用，主动服务和融入京津冀协同发展、长江经济带建设、海南自贸区建设等，为打赢污染防治攻坚战提供支持和保障。

2018 年以来，司法部着力推动京津冀三地在环境损害鉴定管理、开展监督检查等方面的政策协同，三地统一的登记评审专家库已经建立，统一的准入登记政策正在加紧研究制定。为加快推动长江经济带司法鉴定协同发展，2018 年 6 月 13 日，司法部下发《关于全面推动长江经济带司法鉴定协同发展的实施意见》（司发〔2018〕4 号）；2018 年 6 月 29 日，司法部召开司法鉴定服务长江经济带座谈会，以环境损害司法鉴定为先导，推进长江经济带 11 省（市）司法鉴定规划布局、管理措施、执业规范、质量建设等一体化，保护长江“母亲河”，服务长江经济带发展，引领和推动全国司法鉴定行业转型升级。为积极协助配合检察公益诉讼工作，2019 年 1 月，司法部与最高人民检察院、生态环境部、国家发展和改革委员会等部门联合下发《关于在检察公益诉讼中加强协作配合依法打好污染防治攻坚战的意见》（高检会〔2019〕1 号）；2019 年 2 月，司法部与最高人民法院、最高人民检察院、公安部、生态环境部等部门联合下发《关于办理环境污染刑事案件有关问题的座谈会纪要》（高检会〔2019〕3 号），对开展环境公益诉讼和办理环境污染刑事案件中的司法鉴定有关问题提出了明确要求。

司法部将坚持问题导向，与生态环境部门沟通协作，切实加强环境损害司法鉴定案例库建设，及时推出一批检察公益诉讼中不预收鉴定费的鉴定机构，指导环境损害司法鉴定机构规范案件委托受理工作，全面建立环境损害司法鉴定黑名单制度，加强环境损害司法鉴定机构和鉴定人执业分类管理，加强事中、事后监管，出实招、见实效，一步一个脚印，努力推动环境损害司法鉴定事业健康发展。

1.2 海洋环境损害鉴定事项

1.2.1 司法鉴定范围

根据司法部、生态环境部印发的《环境损害司法鉴定执业分类规定》，与海洋环境损害司法鉴定相关的鉴定范围主要包含以下几项：

（1）污染环境行为致近岸海洋与海岸带环境损害鉴定：污染环境行为致近岸海洋与海岸带环境损害鉴定包括确定近岸海洋、海岸带和海岛功能，识别特征污染物，确定近岸海洋、海岸带和海岛环境基线，确认近岸海洋、海岸带和海岛环境质量是否受到损害，确定近岸海洋、海岸带和海岛环境损害的时空范围和程度，判定污染环境行为与近岸海洋、海岸带和海岛环境损害之间的因果关系，制定近岸海洋、海岸带和海岛环境修复方案建议，评估近岸海洋、海岸带和海岛环境损害数额，评估修复效果等。

(2)污染环境行为致近岸海洋与海岸带生态系统损害鉴定：污染环境行为致近岸海洋与海岸带生态系统损害鉴定包括确定近岸海洋、海岸带和海岛生态系统（如珊瑚礁、海草床、滨海滩涂、盐沼地、红树林等）功能，识别濒危物种、优势物种、特有物种、指示物种等，确定近岸海洋、海岸带和海岛生态系统损害评价指标与基线水平，确认近岸海洋、海岸带和海岛生态系统与基线相比是否受到损害，确定近岸海洋、海岸带和海岛生态系统损害的时空范围和程度，判定污染环境行为与近岸海洋、海岸带和海岛生态系统损害之间的因果关系，制定近岸海洋、海岸带和海岛生态系统恢复方案建议，评估近岸海洋、海岸带和海岛生态系统损害数额，评估恢复效果等。

(3)近岸海洋与海岸带环境污染致海洋植物损害鉴定：近岸海洋与海岸带环境污染致海洋植物损害鉴定包括确定海洋养殖植物（包括食用、观赏、种用等海洋植物）、滨海湿地野生植物、海洋野生植物（包括藻类及种子植物等）损害的时间、类型、范围和程度，判定近岸海洋、海岸带和海岛环境污染与海洋植物损害之间的因果关系，制定海洋植物恢复方案建议，评估海洋植物损害数额，评估恢复效果等。

(4)近岸海洋与海岸带环境污染致海洋动物损害鉴定：近岸海洋与海岸带环境污染致海洋动物损害鉴定包括确定海洋养殖动物（包括食用、观赏、种用等海洋养殖动物）、滨海湿地野生动物（包括水禽、其他鸟类、两栖动物、爬行动物等）、海洋野生动物（包括浮游动物、底栖动物、鱼类、哺乳动物等）损害的时间、类型、范围和程度，判定近岸海洋、海岸带和海岛环境污染与海洋动物损害之间的因果关系，制定海洋动物恢复方案建议，评估海洋动物损害数额，评估恢复效果等。

(5)生态破坏行为致海洋生态系统损害鉴定：生态破坏行为致海洋生态系统损害鉴定包括确定海洋类型与保护级别，确定海洋生态系统损害评价指标和基线水平，确定海洋生态系统损害的时间、类型（如海洋生物、渔业资源、珍稀物种、珊瑚礁及成礁生物、矿产资源、栖息地等损害）、范围和程度，判定过度捕捞、围填海、工程建设、外来种引入等生态破坏行为与海洋生态系统损害之间的因果关系，制定海洋生态系统恢复方案建议，评估海洋生态系统损害数额，评估恢复效果等。

1.2.2　海洋环境质量（要素）司法鉴定事项

海洋环境质量（要素）司法鉴定主要涉及水质、底质（沉积物）、生物的鉴定。根据实际工作中的委托事项，海洋环境质量(要素)鉴定通常分为以下两大类。

1.2.2.1 海洋环境污染鉴定

海洋环境污染鉴定是指运用海洋环境科学及其他有关学科知识和技术，对直接或者间接向海洋排放超过其自身净化能力的物质或能量，使海洋环境质量降低、海水使用功能损害等污染问题进行调查、勘验、分析和评价。海洋环境污染鉴定包括以下鉴定事项：

(1)海水污染鉴定：海水污染鉴定指对海水环境质量参数降低、质量损害进行调查、监测、分析和评价。

(2)海洋沉积物污染鉴定：海洋沉积物污染鉴定指对海洋沉积物质量参数降低、质量损害进行调查、监测、分析和评价。

(3)排放物特征比对鉴定：排放物特征比对鉴定指对石油、化学品、放射性物质等排放物样品和海洋环境样品的化学组成特征参数比值进行分析和比对。

1.2.2.2 海洋生物质量鉴定

海洋生物质量鉴定是指运用物理、化学、微生物、毒理学等学科知识和技术，对海洋生物质量变化的原因、污染物含量、特性变化等事项进行分析、检验、鉴别和评估。海洋生物质量鉴定包括以下鉴定事项：

(1)海洋生物理化特性指标鉴定：海洋生物理化特性指标鉴定指对海洋生物体的物理、化学特性参数和指标进行分析、检验、鉴别和评估。

(2)海洋生物污染物含量鉴定：海洋生物污染物含量鉴定指对海洋生物体内污染物含量进行分析、检验和评估。

1.2.3 海水(增)养殖损害司法鉴定事项

海水(增)养殖损害司法鉴定又称水产养殖损害鉴定，指运用海洋水产科学及其他有关学科知识和技术，对水产养殖损害的原因、种类、数量、损失等事项进行调查、鉴别和评估。海水(增)养殖损害司法鉴定包括工厂化人工育苗损害、池塘养殖损害、滩涂养殖损害、底播养殖损害、筏式养殖损害、网箱养殖损害、围栏养殖损害、海洋牧场(人工岛礁)养殖损害等具体鉴定事项。

1.2.4 海洋资源损害司法鉴定事项

海洋资源损害鉴定指运用海洋科学及其他有关学科知识和技术，对海洋资源损害的原因、种类、数量、程度、损失以及恢复措施和费用等事项进行调查、鉴别和评估。天然渔

业资源损害鉴定指对天然(非人工养殖)鱼、虾、贝、藻等生物品种、数量及其损害程度进行调查、鉴别和评估。

1.2.5 海洋生态损害司法鉴定事项

海洋生态损害司法鉴定指运用海洋生态环境学及其他有关学科知识和技术,对海洋生态环境要素损害变化的原因、程度、损失等事项进行调查、勘验和评估。海洋生态损害司法鉴定包括以下鉴定事项:

(1)海洋生态环境要素损害鉴定:海洋生态环境要素损害鉴定指对海洋生态环境要素的损害原因、程度、损失进行调查、勘验和评估。

(2)海洋生态环境价值鉴定:海洋生态环境价值鉴定指对海洋生态环境因质量变化所造成的功能改变和价值变化进行调查、勘验和评估。

(3)海洋生态环境恢复鉴定:海洋生态环境恢复鉴定指对海洋生态环境恢复所采取的措施、方法及其效果、费用进行调查、勘验和评估。

1.2.6 海洋其他资源和要素损害司法鉴定事项

海洋其他资源和要素损害司法鉴定主要包括旅游资源损害鉴定、矿产资源损害鉴定、盐业资源损害鉴定和海洋数值模拟鉴定。

(1)旅游资源损害鉴定指对海洋及(或)涉海岸(滩)而成的自然和人为景观、风景名胜区等旅游资源所遭受经济损失的原因、范围、程度、恢复期进行调查和评估。

(2)矿产资源损害鉴定指对海岸(滩)和海底矿物、海沙等矿产资源的数量减少及其影响和损害进行调查和评估。

(3)盐业资源损害鉴定指对海水晒盐、海水化学要素提炼造成的影响和损害进行调查和评估。

(4)海洋数值模拟鉴定指运用海洋环境动力学等学科知识和技术,对海洋动力条件(流场、纳潮量、风、周边海域地形等)变化、物质(污染物、泥沙)输运轨迹和扩散范围等事项进行调查、模拟和评估。

第2章　海洋环境损害司法鉴定程序

2.1　司法鉴定委托、受理与终止

2.1.1　司法鉴定委托

司法鉴定机构应当统一受理办案机关的司法鉴定委托。委托人委托鉴定时，应当向司法鉴定机构提供真实、完整、充分的鉴定材料，并对鉴定材料的真实性、合法性负责。司法鉴定机构应当核对并记录鉴定材料的名称、种类、数量、性状、保存状况、收到时间等。

司法鉴定委托书应当载明委托人姓名、司法鉴定机构名称、委托鉴定事项、鉴定风险，以及双方商定的鉴定时限、鉴定费用及收取方式、双方权利义务等其他需要载明的事项。司法鉴定委托书格式详见附录1。

2.1.2　司法鉴定受理

司法鉴定机构应当自收到委托之日起七个工作日内作出是否受理的决定。对于复杂、疑难或者特殊鉴定事项的委托，司法鉴定机构可以与委托人协商决定受理的时间。

司法鉴定机构应当对委托鉴定事项、鉴定材料等进行审查。对属于本机构司法鉴定业务范围、鉴定用途合法、提供的鉴定材料能够满足鉴定需要的，应当受理。对于鉴定材料不完整、不充分，不能满足鉴定需要的，司法鉴定机构可以要求委托人补充；经补充后能够满足鉴定需要的，应当受理。

具有下列情形之一的鉴定委托，司法鉴定机构不得受理：

(1)委托鉴定事项超出本机构司法鉴定业务范围的。

(2)鉴定材料不真实、不完整、不充分或者取得方式不合法的。

(3)鉴定用途不合法的。

(4)鉴定要求不符合司法鉴定执业规则或者相关鉴定技术规范的。

(5)鉴定要求超出本机构技术条件或者鉴定能力的。

(6)委托人就同一鉴定事项同时委托其他司法鉴定机构进行鉴定的。

(7)其他不符合法律、法规、规章规定的情形。

司法鉴定机构决定不予受理鉴定委托的,应当向委托人说明理由,退还鉴定材料。

2.1.3　司法鉴定终止

司法鉴定机构在鉴定过程中,有下列情形之一的,可以终止鉴定:

(1)发现鉴定材料不真实、不完整、不充分或者取得方式不合法,鉴定用途不合法或者违背社会公德,鉴定要求不符合司法鉴定执业规则或者相关鉴定技术规范,鉴定要求超出本机构技术条件或者鉴定能力,委托人就同一鉴定事项同时委托其他司法鉴定机构进行鉴定,以及其他不符合法律、法规、规章规定的情形。

(2)鉴定材料发生耗损,委托人不能补充提供的。

(3)委托人拒不履行司法鉴定委托书规定的义务、被鉴定人拒不配合或者鉴定活动受到严重干扰,致使鉴定无法继续进行的。

(4)委托人主动撤销鉴定委托,或者委托人、诉讼当事人拒绝支付鉴定费用的。

(5)因不可抗力致使鉴定无法继续进行的。

(6)其他需要终止鉴定的情形。

终止鉴定的,司法鉴定机构应当书面通知委托人,说明理由并退还鉴定材料。

2.2　司法鉴定实施

2.2.1　司法鉴定人选择

司法鉴定机构受理鉴定委托后,应当指定本机构具有该鉴定事项执业资格的司法鉴定人进行鉴定。委托人有特殊要求的,经双方协商一致,也可以从本机构中选择符合条件的司法鉴定人进行鉴定。

司法鉴定机构对同一鉴定事项应当指定或者选择两名司法鉴定人进行鉴定;对复杂、疑难或者特殊鉴定事项,可以指定或者选择多名司法鉴定人进行鉴定。

司法鉴定人在执业活动中应当依照有关诉讼法律和规定实行回避。司法鉴定人本人或者其近亲属与诉讼当事人、鉴定事项涉及的案件有利害关系,可能影响其独立、客观、公正进行鉴定的,应当回避。司法鉴定人曾经参加过同一鉴定事项鉴定的,或者曾经作为专家提供过咨询意见的，或者曾被聘请为有专门知识的人参与过同一鉴定事项法庭质证的，应当回避。

2.2.2 司法鉴定现场勘验与调查

司法鉴定人应明确进行鉴定所需要的案件材料，可以查阅、复制相关资料，必要时可以询问诉讼当事人、证人。

海洋环境损害司法鉴定大多需要进行现场勘验，对水环境、沉积物环境、生物样品等进行采样调查并实时记录。现场勘验应当由不少于两名司法鉴定机构的工作人员进行，其中至少一名应为该鉴定事项的司法鉴定人。现场勘验时，应当有委托人指派或者委托的人员在场见证，并在现场记录上签名。必要时，可要求双方当事人均到现场进行见证，并且到场见证人员均应当在鉴定记录上签名。见证人员未到场的，司法鉴定人不得开展相关鉴定活动，延误时间不计入鉴定时限。

现场勘验记录可以采取笔记、录音、录像、拍照等方式。记录应当载明主要的鉴定方法和过程，检查、检验、检测结果，以及仪器设备使用情况等。记录的内容应当真实、客观、准确、完整、清晰，记录的文本资料、音像资料等应当存入鉴定档案。

2.2.3 司法鉴定材料管理

司法鉴定机构应当建立鉴定材料管理制度，严格监控鉴定材料的接收、保管、使用和退还。

特殊鉴定材料（如声像和影像资料）应当单独存放保管，防止受潮或者磁化，并定期进行检查和清点，必要时进行复制。

司法鉴定机构和司法鉴定人在鉴定过程中应当严格依照技术规范保管和使用鉴定材料，因严重不负责任造成鉴定材料损毁、遗失的，应当依法承担责任。

2.2.4 司法鉴定标准与规范

司法鉴定人进行鉴定时，应当依下列顺序遵守和采用该专业领域的技术标准、技术规范和技术方法：

（1）国家标准。

（2）行业标准和技术规范。

（3）该专业领域多数专家认可的技术方法。

当地方标准严于国家环境标准时，环境损害司法鉴定优先采用地方标准。

2.2.5　补充鉴定与重新鉴定

2.2.5.1　补充鉴定

有下列情形之一的，司法鉴定机构可以根据委托人的要求进行补充鉴定：

(1)原委托鉴定事项有遗漏的。

(2)委托人就原委托鉴定事项提供新的鉴定材料的。

(3)其他需要补充鉴定的情形。

补充鉴定是原委托鉴定的组成部分，应当由原司法鉴定人进行。

2.2.5.2　重新鉴定

有下列情形之一的，司法鉴定机构可以接受办案机关委托进行重新鉴定：

(1)原司法鉴定人不具有从事委托鉴定事项执业资格的。

(2)原司法鉴定机构超出登记的业务范围组织鉴定的。

(3)原司法鉴定人应当回避而没有回避的。

(4)办案机关认为需要重新鉴定的。

(5)法律规定的其他情形。

重新鉴定应当委托原司法鉴定机构以外的其他司法鉴定机构进行；因特殊原因，委托人也可以委托原司法鉴定机构进行，但原司法鉴定机构应当指定原司法鉴定人以外的其他符合条件的司法鉴定人进行。

接受重新鉴定委托的司法鉴定机构的资质条件应当不低于原司法鉴定机构，进行重新鉴定的司法鉴定人中应当至少有一名具有相关专业的高级专业技术职称。

2.3　司法鉴定意见形成

2.3.1　司法鉴定意见书

司法鉴定意见书是司法鉴定机构和司法鉴定人依照法定条件和程序，运用科学技术或者专门知识对诉讼中涉及的专门性问题进行分析、鉴别和判断，对委托人提供的鉴定材料进行检验、鉴别后出具的记录和反映司法鉴定过程和司法鉴定人专业判断意见的文书。司法鉴定意见书一般包括标题、编号、基本情况、检案摘要、检验过程、分析说明、鉴定意见、落款、附件及附注等内容。

司法鉴定意见书必须有司法鉴定人的亲笔签名，并加盖司法鉴定专用章钢印和红印。

2.3.2 司法鉴定判断原则

2.3.2.1 司法鉴定合法性原则

司法鉴定合法性是指司法鉴定活动必须严格遵守国家法律、法规的规定，是评断鉴定过程与结果是否合法和鉴定结论是否具备证据效力的前提。这一原则在立法和鉴定过程中主要体现为鉴定主体合法，鉴定材料合法，鉴定程序合法，鉴定步骤、方法、标准合法，鉴定结果合法五个方面。

（1）司法鉴定机构必须是按法律、法规、部门规章规定，经过省级以上司法机关审批，取得司法鉴定实施权的法定鉴定机构，或按规定程序委托的特定鉴定机构。司法鉴定人必须是按照规定的条件，获得司法鉴定人职业资格的执业许可证的自然人。

（2）司法鉴定材料主要指鉴定对象及其作为被比较的样本（样品）。鉴定对象必须是法律规定的案件中的专门性问题，法律未作规定的专门性问题不能作为司法鉴定对象。鉴定材料的来源（含提取、保存、运送、监督等）必须符合相关法律规定的要求。

（3）鉴定程序合法性指司法鉴定的提请、决定与委托、受理、实施、补充鉴定、重新鉴定、专家共同鉴定等各个环节必须符合诉讼法和其他相关法律法规、部门规章的规定。

（4）鉴定的步骤、方法应当是经过法律确认的、有效的步骤、方法，鉴定标准要符合国家法定标准或部门（行业）标准。

（5）鉴定结果的合法性主要表现为司法鉴定文书的合法性。鉴定文书必须具备法律规定的文书格式和必备的各项内容，鉴定结论必须符合证据要求和法律规范。

2.3.2.2 司法鉴定独立性原则

司法鉴定独立性原则是由科学技术自身的特殊性和鉴定结论的证据要求所决定的。从本质上讲，司法鉴定活动是鉴定人提供证据材料的活动，这种活动必须独立进行，这样才能保证鉴定结论的客观性、科学性、真实性、公正性。鉴定活动的独立性是鉴定结论客观性和公正性的保证。司法鉴定活动的独立性原则主要体现在五个方面：

（1）司法鉴定机构要相对独立，社会鉴定机构必须是独立的法人组织，侦查机关内设的鉴定机构应当与侦查业务部门分离；鉴定人的活动（包括鉴定方案的制订、鉴定的实施、鉴定结论的出具、鉴定人出庭质证等）必须独立进行，司法机关和鉴定机构负责人不得暗示或干预。

(2)鉴定人必须在鉴定机构中执业,鉴定机构对鉴定人实施日常管理,并针对鉴定人的活动提供必要的条件和保障,但不能干预鉴定结论,不能要求或暗示鉴定人出具某种结论。鉴定活动不受机关、团体、社会组织和个人的非法干扰,诉讼当事人干扰鉴定活动也要承担相应的法律责任。

(3)司法鉴定机构之间是平等的、独立的,相互间无隶属关系,鉴定结论不受制约和影响,无服从与被服从关系(部分地区规定对鉴定结论实行"复核鉴定"与"二鉴终局制"等,均与独立性原则相抵触)。

(4)实行鉴定人负责制,鉴定人的活动应对鉴定结论承担法律责任,必须在鉴定书上签名或盖章。多人参与鉴定,对鉴定结论意见不一致的,应当在鉴定书上分别注明不同意见的人数及其理由。鉴定过程中,任何机关、团体、社会组织和个人不得非法干预鉴定人的活动。鉴定结论实行鉴定人负责制,不能以少数服从多数的办法强行统一。

(5)司法鉴定活动坚持独立性原则与依法接受法律监督两者并不矛盾,而是相互制约、相互促进的关系,其共同目的在于确保鉴定活动及其结果的客观性、公正性。我国许多司法鉴定法规、规章中都有司法鉴定机构和司法鉴定人从事司法鉴定活动应当接受国家、社会、诉讼当事人、鉴定委托机关监督的规定。

司法鉴定监督贯穿于鉴定活动的全过程,体现在各个方面,如对鉴定程序合法性的监督,对鉴定标准、鉴定文书规范性的监督,对鉴定人进行职业道德、执业纪律的监督等。

2.3.2.3　司法鉴定客观性原则

司法鉴定的客观性是鉴定活动的生命,其根本要求为鉴定结论应具有真实性和全面性。如果鉴定结论是虚假的,鉴定活动就无客观性可言;如果鉴定结论具有片面性,说明鉴定活动客观性差。鉴定活动的客观性主要体现在以下四个方面:

(1)司法鉴定机构和鉴定人必须秉公办案,不徇私情,不受案情、人情、私利、内外干扰等因素的影响。这是做到客观鉴定的前提,也是坚持鉴定活动客观性的思想保证。

(2)司法鉴定必须遵守法定程序,自觉接受法律监督。这是坚持鉴定活动客观性的法律保证,违法鉴定很难达到客观要求。

(3)司法鉴定必须坚持科学方法和科学标准。鉴定材料的提取、收集、保存、复制等要符合科学要求;鉴定材料的数量、质量要符合规定的鉴定条件;鉴定的步骤要符合科学原则;鉴定的手段、方法要具备科学性、有效性、先进性;鉴定结论要符合科学标准;鉴定原理必须获得科学与法律的确认。鉴定结论不符合科学标准就是没有科学性,就是最大的不客观、不真实。鉴定结论没有科学性,就是没有客观性。

(4)鉴定结论科学依据不充分,表明其客观性不强。对于不符合科学标准的鉴定结论，尽管与案件事实本身没有差错，但其鉴定行为也是不客观的表现。

2.3.2.4 司法鉴定公正性原则

司法鉴定公正性原则是司法鉴定结论和司法鉴定活动的服务对象——诉讼活动所追求的目的之一。司法鉴定公正性原则体现在程序公正、实体公正和司法鉴定主体的中位性三个方面。

(1)程序公正就是鉴定提请、鉴定决定与委托、鉴定受理、鉴定实施、补充鉴定、重新鉴定、专家共同鉴定、鉴定结论的质证等环节，在立法和司法两个层面都应当体现平等原则、合理原则，更多地保护诉讼当事人的合法权益。例如，在制定证据规则和鉴定法中主张鉴定提请和鉴定决定与委托实行同举证责任相一致原则，重新鉴定实行协商与限制性原则，鉴定活动实行监督原则，鉴定结论的法庭质证推行技术顾问辩论原则等，都是程序公正的体现。

(2)实体公正就是要确保鉴定结论的客观性、准确性、真实性，这是司法鉴定最大的公正，也鉴定的根本目的所在。要做到实体公正，最主要的是要立法规范各类鉴定的步骤、方法，制定各类专门性问题的鉴定标准，严格按科学要求办事，克服不重视科学方法，不严格遵守鉴定标准的不科学、不严肃的鉴定作风，杜绝随意性的鉴定结论。鉴定结论如果没有标准，在科学上难以评断其是非，在法律上就不能确定其真伪。没有符合科学标准的鉴定结论就没有公正性。

(3)司法鉴定主体的中立性是确保鉴定活动和鉴定结论公正性的关键。鉴定程序和实体的公正性必须通过鉴定主体去实施。若鉴定主体在鉴定过程中不保持中立性，则鉴定过程与结果都可能不公正。鉴定机构和鉴定人必须站在科学技术的立场上，不偏向诉讼主体的任何一方，这是由司法鉴定为诉讼活动提供鉴定结论(即证据材料)这一根本性质决定的。在我国和大陆法系国家，对鉴定机构和鉴定人的中立立场有严格要求。

2.3.3 司法鉴定分析与说明

司法鉴定分析与说明部分应当详细阐明鉴定人根据有关科学理论知识，通过对鉴定材料，检查、检验、检测结果，鉴定标准，专家意见等进行鉴别、判断、综合分析、逻辑推理，得出鉴定意见的过程。司法鉴定分析与说明部分要求有良好的科学性与逻辑性。

2.3.4 司法鉴定复核与程序问题

司法鉴定人完成鉴定后，司法鉴定机构应当指定具有相应资质的人员对鉴定程序和鉴定意见进行复核；对于涉及复杂、疑难、特殊技术问题或者重新鉴定的鉴定事项，可以组织三名以上的专家进行复核。复核人员完成复核后，应当提出复核意见并签名，然后存入鉴定档案。

2.3.5　鉴定意见的审查和质证

作为一种独立的言词证据，鉴定意见应当接受控辩双方的发问，经查证属实后，方能作为定案证据。如何审查和质证鉴定意见呢？主要有以下几个方面：

(1)鉴定人和鉴定机构是否具有法定资质。国家对从事司法鉴定业务的鉴定人和鉴定机构实行登记管理制度。在法庭质证过程中，应对鉴定人与鉴定机构是否具备相应的鉴定资质进行审查。

鉴定人应具备的条件：一是鉴定人是否在环境损害鉴定业务范围内从事鉴定工作；二是鉴定人是否满足资历、能力要求。这主要是审查鉴定人是否具备解决案件中专门性问题的科学知识和技能。

申请登记的鉴定机构应具备的条件：有明确的业务范围，有在业务范围内进行司法鉴定所必需的仪器、设备，有在业务范围内进行司法鉴定所必需的依法通过计量认证或者实验室认可的检测实验室，每项司法鉴定业务有三名以上鉴定人。

通过对鉴定人及鉴定机构资质的审查，可以直接导致不满足上述条件的鉴定意见失去证据效力，不被法庭采纳。

(2)鉴定人是否存在应当回避的情形。根据《中华人民共和国刑事诉讼法》《司法鉴定程序通则》及相关司法解释规定，鉴定人及其近亲属与本案有利害关系，或有其他可能影响客观鉴定的情况，作为诉讼参与人的鉴定人应当遵守法律有关回避的规定，以确保鉴定人的中立客观，确保所提出的鉴定意见的真实性。对于鉴定人应当回避而未回避的，鉴定意见不得作为定案的根据。

通过对回避事项的审查，在一定程度上可以避免鉴定活动因受到不当干扰，鉴定人徇私、受贿，或受到威胁、引诱、欺骗等做出的虚假鉴定被法庭采纳，损害一方当事人利益。

(3)环境样品与检材是否充足可靠。通过对环境样品与检材的来源是否合法，取得及其保管等是否符合法律规定，环境样品检材是否充分、可靠等几方面的审查，以确保鉴定意见的合法、有效。

鉴定活动必须有供鉴定所用的样品检材，而检材的来源是否真实、合格、合法都直接关系到鉴定意见的正确、合法、有效，检材的取得和保管方式是否符合操作规范直接影响检材的检验结果或鉴定意见的客观性。鉴定所依据的材料如果不充分、数量太少或质量太差，必然会影响鉴定意见的真实可靠性。

(4)鉴定意见的形式要件是否完备。鉴定意见的形式要件包括鉴定意见的书面格式(鉴定文书的类型)和内容、鉴定人的人数、鉴定人的签名或盖章等。

鉴定意见在形式内容上的完善程度不仅影响着鉴定意见本身的合法性和规范性，而且也会影响鉴定意见的真实性；鉴定过程和鉴定方法是否科学决定了鉴定意见的可靠性有多大。在鉴定实务中，常常出现鉴定意见书格式不规范甚至套用模板等问题，在质证过程中要注意此类问题。

(5)鉴定程序是否符合法律法规的相关规定。在质证过程中，还应注意程序合法性问题：鉴定人进行鉴定时，是否依法回避，鉴定过程是否受到外界影响；鉴定人是否依照法律、规章、职业道德和职业纪律，基于专业知识，遵守技术操作规范，就专业性事项进行鉴定；鉴定人是否独立进行鉴定，对鉴定意见负责并在鉴定书上签名或盖章；若为多人参与的鉴定，对有不同鉴定意见的，是否注明并签名或盖章。

(6)鉴定意见是否明确。一份司法鉴定意见书中，最重要的就是鉴定意见部分，对此部分内容的质证也是重中之重。鉴定意见是否有科学根据、论据是否可靠、论证是否充分、论据与结论是否有矛盾、结论是否明确等，都是需要审查的重点内容。

在司法实践中，鉴定人运用专业知识对刑事诉讼中的专门性问题进行鉴别和判断后，需要提出明确意见。在民事诉讼中，“可能是”“倾向是”“不排除”等倾向性结论具有一定的参考价值，但在刑事案件中则没有证据价值，更没有证明力。

(7)鉴定的过程和方法是否符合相关专业的规范要求。鉴定过程中存在鉴定人是否按照严谨的操作规程实施鉴定活动，鉴定过程中实验室仪器设备运转是否正常等问题。鉴定人在保证结果的准确性时，应当选择与自己实验室条件匹配，同时又能满足鉴定需求的鉴定方法进行鉴定。

(8)鉴定意见与案件待证事实是否有关联。将鉴定意见与全案其他证据情况进行联系对照，若经审查发现鉴定意见与案件待证事实之间并无关联，则该鉴定意见不具有证明价值，应当予以排除。

(9)鉴定意见与勘验、检查笔录及相关照片等其他证据是否矛盾。综合全案证据进行审查判断，注意与其他证据之间能否印证，是否存在矛盾，重点审查鉴定意见与勘验、检查笔录及相关照片等其他证据是否矛盾。

(10)鉴定意见是否依法及时告知相关人员。鉴定意见应依法及时告知相关人员，询问当事人对鉴定意见有无异议。

2.4　司法鉴定人出庭质证

2.4.1　司法鉴定人

司法鉴定人是指运用科学技术或者专门知识对诉讼涉及的专门性问题进行鉴别和判断并提出鉴定意见的人员。司法鉴定人应当具备规定的条件，经省级司法行政机关审核登记，取得《司法鉴定人执业证》，并按照登记的司法鉴定执业类别，从事司法鉴定业务。

司法鉴定人应当在一个司法鉴定机构中执业。司法鉴定人应当科学、客观、独立、公正地从事司法鉴定活动，遵守法律、法规的规定，遵守职业道德和职业纪律，遵守司法鉴定管理规范。

2.4.2　司法鉴定人的法律责任

司法鉴定人执业实行回避、保密、时限和错鉴责任追究制度。《司法鉴定人登记管理办法》规定：

第二十九条　司法鉴定人有下列情形之一的，由省级司法行政机关依法给予警告，并责令其改正：

（一）同时在两个以上司法鉴定机构执业的；

（二）超出登记的执业类别执业的；

（三）私自接受司法鉴定委托的；

（四）违反保密和回避规定的；

（五）拒绝接受司法行政机关监督、检查或者向其提供虚假材料的；

（六）法律、法规和规章规定的其他情形。

第三十条　司法鉴定人有下列情形之一的，由省级司法行政机关给予停止执业三个月以上一年以下的处罚；情节严重的，撤销登记；构成犯罪的，依法追究刑事责任：

（一）因严重不负责任给当事人合法权益造成重大损失的；

（二）具有本办法第二十九条规定的情形之一并造成严重后果的；

（三）提供虚假证明文件或者采取其他欺诈手段，骗取登记的；

（四）经人民法院依法通知，非法定事由拒绝出庭作证的；

（五）故意做虚假鉴定的；

（六）法律、法规规定的其他情形。

司法鉴定人在执业活动中，因故意或者重大过失行为给当事人造成损失的，其所在的司法鉴定机构依法承担赔偿责任后，可以向有过错行为的司法鉴定人追偿。

在司法实践中，错鉴可分为责任错鉴与技术错鉴两类。责任错鉴是指因鉴定人工作责任心不强，违反有关规定而造成在事实、证据、定性、结论等方面的差错。例如，随意破坏送检的文书资料或检材；对原始资料随意取舍或检查、检验不全面而影响检验、鉴定结论的准确性；弄虚作假、伪造结果而得不出准确结论；等等。技术错鉴是指因鉴定人业务能力不强而造成在事实、证据、定性、结论等方面的差错。例如，违反技术标准和操作规程，引用参考资料和鉴定标准明显有误等。在认定错鉴责任时，要根据具体情况定性处理。构成犯罪的，应当依法追究其刑事责任；尚不够刑法处罚的，则依法予以行政处分。

相关法律条文中，关于司法鉴定人法律责任的规定如下：

(1)《中华人民共和国刑事诉讼法》(2018 年修正)：

第一百四十七条　鉴定人进行鉴定后，应当写出鉴定意见，并且签名。

鉴定人故意作虚假鉴定的，应当承担法律责任。

(2)《中华人民共和国刑法》(2020 年修正)：

第一百九十八条　有下列情形之一，进行保险诈骗活动，数额较大的，处五年以下有期徒刑或者拘役，并处一万元以上十万元以下罚金；数额巨大或者有其他严重情节的，处五年以上十年以下有期徒刑，并处二万元以上二十万元以下罚金；数额特别巨大或者有其他特别严重情节的，处十年以上有期徒刑，并处二万元以上二十万元以下罚金或者没收财产：

（一）投保人故意虚构保险标的，骗取保险金的；

（二）投保人、被保险人或者受益人对发生的保险事故编造虚假的原因或者夸大损失的程度，骗取保险金的；

（三）投保人、被保险人或者受益人编造未曾发生的保险事故，骗取保险金的；

（四）投保人、被保险人故意造成财产损失的保险事故，骗取保险金的；

（五）投保人、受益人故意造成被保险人死亡、伤残或者疾病，骗取保险金的。

有前款第四项、第五项所列行为，同时构成其他犯罪的，依照数罪并罚的规定处罚。

单位犯第一款罪的，对单位判处罚金，并对其直接负责的主管人员和其他直接责任人员，处五年以下有期徒刑或者拘役；数额巨大或者有其他严重情节的，处五年以上十年以下有期徒刑；数额特别巨大或者有其他特别严重情节的，处十年以上有期徒刑。

保险事故的鉴定人、证明人、财产评估人故意提供虚假的证明文件，为他人诈骗提供条件的，以保险诈骗的共犯论处。

第三百零五条 在刑事诉讼中，证人、鉴定人、记录人、翻译人对与案件有重要关系的情节，故意作虚假证明、鉴定、记录、翻译，意图陷害他人或者隐匿罪证的，处三年以下有期徒刑或者拘役；情节严重的，处三年以上七年以下有期徒刑。

(3)《公安机关办理刑事案件程序规定》(2020年修正)：

第二百五十六条 公诉人、当事人或者辩护人、诉讼代理人对鉴定意见有异议，经人民法院依法通知的，公安机关鉴定人应当出庭作证。

鉴定人故意作虚假鉴定的，应当依法追究其法律责任

(4)《人民法院司法鉴定工作暂行规定》(2001年11月16日起施行)：

第二十四条 人民法院司法鉴定机构工作人员因徇私舞弊、严重不负责任造成鉴定错误导致错案的，参照《人民法院审判人员违法审判责任追究办法(试行)》和《人民法院审判纪律处分办法(试行)》追究责任。

其他鉴定人因鉴定结论错误导致错案的，依法追究其法律责任。

(5)《精神疾病司法鉴定暂行规定》(1989年8月1日起施行)：

第十六条 鉴定人在鉴定过程中徇私舞弊、故意作虚假鉴定的，应当追究法律责任。

(6)《司法鉴定机构登记管理办法》(2005年9月30日起施行)：

第三十八条 法人或者其他组织未经登记，从事已纳入本办法调整范围司法鉴定业务的，省级司法行政机关应当责令其停止司法鉴定活动，并处以违法所得一至三倍的罚款，罚款总额最高不得超过三万元。

第三十九条 司法鉴定机构有下列情形之一的，由省级司法行政机关依法给予警告，并责令其改正：

(一)超出登记的司法鉴定业务范围开展司法鉴定活动的；

(二)未经依法登记擅自设立分支机构的；

(三)未依法办理变更登记的；

(四)出借《司法鉴定许可证》的；

(五)组织未取得《司法鉴定人执业证》的人员从事司法鉴定业务的；

(六)无正当理由拒绝接受司法鉴定委托的；

(七)违反司法鉴定收费管理办法的；

(八)支付回扣、介绍费，进行虚假宣传等不正当行为的；

（九）拒绝接受司法行政机关监督、检查或者向其提供虚假材料的；

（十）法律、法规和规章规定的其他情形。

第四十条　司法鉴定机构有下列情形之一的，由省级司法行政机关依法给予停止从事司法鉴定业务三个月以上一年以下的处罚；情节严重的，撤销登记：

（一）因严重不负责任给当事人合法权益造成重大损失的；

（二）具有本办法第三十九条规定的情形之一，并造成严重后果的；

（三）提供虚假证明文件或采取其他欺诈手段，骗取登记的；

（四）法律、法规规定的其他情形。

第四十一条　司法鉴定机构在开展司法鉴定活动中因违法和过错行为应当承担民事责任的，按照民事法律的有关规定执行。

（7）《司法鉴定人管理办法》（2005 年 9 月 30 日公布施行）：

第二十八条　未经登记的人员，从事已纳入本办法调整范围司法鉴定业务的，省级司法行政机关应当责令其停止司法鉴定活动，并处以违法所得一至三倍的罚款，罚款总额最高不得超过三万元。

2.4.3　司法鉴定人的出庭义务

司法鉴定实行鉴定人负责制度。司法鉴定人应当依法独立、客观、公正地进行鉴定，并对自己提出的鉴定意见负责。在诉讼中，当事人对鉴定意见有异议的，经人民法院依法通知，鉴定人应当出庭作证，回答与鉴定事项有关的问题。

司法鉴定机构接到出庭通知后，应当及时与人民法院确认司法鉴定人出庭的时间、地点、人数、费用、要求等。司法鉴定机构应当支持司法鉴定人出庭作证，为司法鉴定人依法出庭提供必要条件。

司法鉴定人出庭作证时，应当举止文明，遵守法庭纪律。

2.4.4　技术调查官与专家辅助人

技术调查官属于审判辅助人员。具体来说，技术调查官属于审判辅助人员中的司法技术人员。技术调查官的身份定位直接决定其在诉讼活动中的工作职责、技术调查意见的法律效力。

专家辅助人又被称为有专门知识的人，是指在科学、技术、其他专业知识方面具有特殊的专门知识或经验的人员，根据当事人的聘请并经法院准许，出庭辅助当事人对诉争的案件事实所涉及的专门性问题进行说明、发表意见和评论的人。

第 3 章　海洋环境质量(要素)司法鉴定

海洋环境质量是指在海洋环境内,环境的总体或环境的某些要素对生物的生存和繁衍以及社会的经济发展的适宜程度。

海洋环境质量是确定和衡量海洋环境好坏的一种尺度,它具有法律约束力,一般分为三类:海水水质标准、海洋沉积物标准和海洋生物体残毒标准。制定标准时,通常要经过两个过程:首先,海洋环境质量"基准"的确定要经过调查研究,掌握环境要素的基本情况,了解一定阶段内海水、沉积物中污染物的种类、浓度和生物体中各种污染物的残留量;考察不同环境条件下,各种浓度的污染物对海洋环境的影响,并选取适当的环境指标,在此基础上才能确定海洋环境质量的"基准"。其次,"基准"的确定要考虑适用海区的自净能力或环境容量,以及该地区社会、经济的承受能力。

海洋环境要素监测包括海洋水文气象要素、生物要素、化学要素、地质要素的监测。

3.1　海洋环境质量(要素)的司法鉴定范围

海洋环境污染鉴定是指运用海洋环境科学及其他有关学科知识和技术,对直接或者间接向海洋排放超过其自身净化能力的物质或者能量,使海洋环境质量降低、海水使用功能受损等污染问题进行调查、勘验、分析和评价。海洋环境污染鉴定包括以下鉴定事项:

(1)海水污染鉴定:海水污染鉴定指对海水环境质量参数降低、质量损害进行调查、监测、分析和评价。

(2)海洋沉积物污染鉴定:海洋沉积物污染鉴定指对海洋沉积物质量参数降低、质量损害进行调查、监测、分析和评价。

(3)排放物特征比对鉴定:排放物特征比对鉴定指对石油、化学品、放射性物质等排放物样品和海洋环境样品的化学组成特征参数比值进行分析和比对。

海洋生物质量鉴定是指运用物理、化学、微生物、毒理学等学科知识和技术,对海洋生物质量变化的原因、污染物含量、特性变化等事项进行分析、检验、鉴别和评估。海洋生物质量鉴定包括以下鉴定事项：

（1）海洋生物理化特性指标鉴定：海洋生物理化特性指标鉴定指对海洋生物体的物理、化学特性参数和指标进行分析、检验、鉴别和评估。

（2）海洋生物污染物含量鉴定：海洋生物污染物含量鉴定指对海洋生物体内污染物含量进行分析、检验和评估。

3.2 海洋环境质量（要素）司法鉴定的基本步骤

3.2.1 样品采集

样品采集是海洋环境质量（要素）司法鉴定中一项重要的工作，采集的样品主要包括水质样品、沉积物样品、生物样品等，具体可以参考《海洋监测规范　第 3 部分：样品采集、贮存及运输》（GB 17378.3—2007）。

采样时，应周密设计监测海域的采样断面、采样站位、采样时间、采样频率和样品数量，使分析样品的数量能够客观地表征海洋环境的真实情况，不仅要确保所采样品能够代表原环境，而且还要确保样品在采样和处理过程中不变化、不添加、不损失。

3.2.1.1 水质样品

（1）一般规定：从海洋环境中取得有代表性的样品，并采取一切预防措施来避免在采样和分析的时间间隔内发生变化，是海洋环境调查监测的第一关键环节。采样程序应包括以下几个重要方面：①采样目的。采样目的通常分为环境质量控制、环境质量表征以及污染源鉴别三种类型。②样品采集的时空尺度。③采样点的设置。④现场采样方法及质量保证措施。

（2）样品类型：样品类型主要有四种。

①瞬时样品：瞬时样品是不连续的样品。无论是在水表层还是在规定的深度和底层，一般均应手工采集，在某些情况下也可以用自动方法采集。

考察一定范围的海域可能存在的污染或者调查监测其污染程度，特别是对较大范围的海域进行考察、监测时，均应采集瞬时样品。对于某些待测项目，例如需要采集溶解氧、硫化氢等溶解气体的待测水样的项目，应采集瞬时样品。

②连续样品：连续样品通常包括在固定时间间隔下采集定时样品（取决于时间）及在固定的流量间隔下采集定时样品（取决于体积）。在直接入海排污口等特殊情况下，采集

连续样品可以揭示瞬时样品观察不到的变化。

③混合样品:混合样品是指在同一个采样点上以流量、时间、体积为基础的若干份单独样品的混合。混合样品用于提供组分的平均数据。若水样中待测成分在采集和贮存过程中变化明显,则不能使用混合水样,要单独采集保存。

④综合水样:综合水样是指从不同采样点同时采集的水样进行混合而得到的水样(时间不是完全相同,但应尽可能接近)。

样品一旦采完,应保持与采样时相同的状态,避免样品在采集、贮存和分析测试过程中受到来自船体、采水装置、实验设备、玻璃器皿、化学药品、空气及操作者本身所产生的玷污。样品中的待测成分也可因吸附、沉降或挥发而受到损失,因此样品要尽量保持采样的状态。

(3)采样时空频率的优化:采样位置的确定及时空频率的选择应在对大量历史数据进行客观分析的基础上,对调查监测海域进行特征区划。特征区划的关键在于各站点历史数据的中心趋势及特征区划标准的确定。根据污染物在较大面积海域分布的不均匀性和局部海域的相对均匀性的时空特征,运用均质分析法、模糊集合聚类分析法等分类方法,将监测海域划分为污染区、过渡区及对照区。

(4)采样站位的布设:采样站位和监测断面的布设应根据监测计划,结合水域类型、水文、气象、环境等自然特征及污染源分布,综合各个因素提出优化布点方案,并在研究和论证的基础上确定。采样的主要站位应合理地布设在环境质量发生明显变化或有重要功能用途的海域,如近岸河口区或重大污染源附近。在海域的初期污染调查过程中,可以进行网格式布点。

影响站位布设的因素有很多,站位布设主要考虑以下几个方面:①能够提供有代表性的信息;②站位周围的环境地理条件;③动力场状况(潮流场和风场);④社会经济特征及区域性污染源的影响;⑤站位周围的航行安全程度;⑥经济效益;⑦站位在地理分布上的均匀性,并尽量避开特征区划的系统边界;⑧水文特征、水体功能、水环境自净能力等因素的差异性,同时还要考虑自然地理差异及特殊需要。

(5)监测断面:监测断面的布设应遵循近岸较密、远岸较疏、重点区(如主要河口、排污口、渔场或养殖场、风景、游览区、港口码头等)较密、对照区较疏的原则。

断面设置应根据掌握水环境质量状况的实际需要,考虑对污染物时空分布和变化规律的控制,力求以较少的断面和站位取得代表性最好的样品。

一个断面可分为左、中、右和不同深度,通过实测水质参数后,可做各采样点之间的方差分析,判断显著性差别。同时,通过分析判断各测点之间的密切程度,从而决定断面内的采样点位置。为确定完全混合区域内断面上的采样点数目,有必要规定采样点之间的最小相关系数。对于海洋沿岸的采样，可在沿海设置大断面，并在断面上设置多个采样点。

入海河口区的监测断面应与径流扩散方向垂直，并根据地形和水动力特征布设一个或数个断面。港湾监测断面（站位）视地形、潮汐、航道和监测对象等情况布设。在潮流复杂区域，监测断面可与岸线垂直布设。海岸开阔海区布设的采样站位呈纵横交错的网格状，也可在海洋沿岸设置大断面。

（6）采样层次：水质样品采样层次如表 3.1 所示。

表 3.1　水质样品采样层次

水深范围/m	标准层次	底层与相邻标准层最小距离/m
＜10	表层	—
10～25	表层、底层	—
25～50	表层、10 m、底层	—
50～100	表层、10 m、50 m、底层	5
＞100	表层、10 m、50 m、50 m 以下水层酌情加层、底层	10

注：1.表层指海面以下 0.1～1 m。

2.对于河口及港湾海域，底层最好取距海底 2 m 的水层，深海或大风浪时可酌情增大与底层的距离。

（7）采样时间和采样频率：按照相关要求确定采样时间和采样频率。

①采样时间和采样频率的确定原则如下：

a.以最小的工作量获得反映环境信息所需的资料。

b.技术上具备可能性和可行性。

c.能够真实地反映环境要素变化特征。

d.尽量考虑采样时间的连续性。

②谱分析可以作为确定采样时间和频率的一种方法，根据大量资料绘制出污染物入海量的变化曲线，在变化的最高期望或较高期望上确定采样时间和采样频率。

③运用多年调查监测资料，以合适的参数作为统计指标，进行时间聚类分析，根据时间聚类分析结果确定采样时间和采样频率；还可以运用其他统计学方法进行统计学检验，进而确定采样时间和频率。

注意，用于环境质量控制的采样频率一般应高于环境质量表征所需的采样频率。污染源鉴别采样程序与环境质量控制、环境质量表征程序不同。影响确定采样时间和采样频率的因素很多,其采样频率要比污染物出现的频率高得多。

(8)水质采样器的技术要求:水质采样器的技术要求较多,只有使用满足要求的采样器才能保证采样效率。具体要求有以下几点:

①具有良好的注充性和密闭性。采样器的结构要严密,关闭系统可靠且不易被堵塞,海水与采样瓶中水的交换应充分、迅速,零件应减少到最小数目。

②材质要耐腐蚀、无沾污、无吸附。痕量金属采水器应为非金属结构,常以聚四氟乙烯、聚乙烯及聚碳酸酯等为主体材料,如果采用金属材质,则应在金属结构表面涂抹非金属材料涂层。

③结构简单、轻便,易于冲洗,易于操作和维修,采样前不残留样品,样品转移方便。

④能够抵抗恶劣气候的影响,适应在各种环境条件下操作,能在温度为 0～40 ℃,相对湿度不大于 90%的环境中工作。

⑤价格便宜,易推广使用。

(9)现场采样操作:现场采样操作可分为岸上采样、冰上采样和船上采样三种。

①岸上采样:如果水是流动的,则当采样人员站在岸边时,应面对水流动的方向操作。若底部沉积物受到扰动,则不能继续采样。

②冰上采样:若冰上覆盖积雪,可用木铲或塑料铲清出面积为 1.5 m×1.5 m 的积雪地,再用冰钻或电锯在中央部位打一个洞。由于冰钻和锯齿是金属的,故增加了水质被玷污的可能性。冰洞打完后用冰勺(若取痕量金属样品,则冰勺需用塑料包裹)取出碎冰,此时要特别小心,防止采样者的衣物和鞋帽玷污洞口周围的冰,需等数分钟后方可取样。

③船上采样:采用向风逆流采样,将来自船体的各种污染物控制在一个尽量低的水平上。由于船体本身就是一个污染源,因此船上采样要采取适当措施,防止船上各种污染源可能带来的影响。当船体到达采样站位后,应该根据风向和水流流向,立即将采样船周围海面划分为船体沾污区、风成沾污区和采样区三部分,然后在采样区采样。发动机关闭后,当船体仍在缓慢前进时,将抛浮式采水器从船头部位尽力向前方抛出,或者使用小船离开大船一定距离后采样。在船上,采样人员应坚持向风操作,采样器不能直接接触船体任何部位,裸手不能接触采样器排水口,采样器内的水样先放掉一部分,然后再取样。

采取痕量金属水样时,应避免直接接触铁质或其他金属样品。

(10)特殊样品的采集:特殊样品主要有溶解氧、生化需氧量样品,pH 样品,浑浊度、悬浮物样品,重金属样品,油类样品,营养盐样品。

①溶解氧、生化需氧量样品的采集:水中溶解氧应用碘量法测定,水样需直接采集到样品瓶中,采样时不要使水样曝气或残存气体。若使用有机玻璃采水器、球阀式采水器、颠倒采水器等采水器采样,应防止搅动水体,溶解氧样品需最先采集。采集步骤如下:

a.乳胶管的一端接上玻璃管,另一端套在采水器的出水口,放出少量水样清洗样品瓶两次。

b.将玻璃管插到样品瓶底部,慢慢注入水样,待水样装满并溢出约为瓶子体积的二分之一时,将玻璃管慢慢抽出。

c.立即用自动加液器(管尖靠近液面)一次注入氯化锰溶液和碱性碘化钾溶液。

d.塞紧瓶塞并用手按住瓶塞和瓶底,将瓶缓慢地上下颠倒 20 次,使样品与固定液充分混匀。待样品瓶内沉淀物降至瓶体三分之二以下时方可进行分析。

②pH 样品的采集:pH 样品允许保存 24 h。采集步骤如下:

a.初次使用的样品瓶应洗净,并用海水浸泡一天。

b.用少量水样清洗样品瓶两次,再慢慢将瓶充满,立即盖紧瓶塞。

c.加 1 滴氯化汞溶液固定,盖好瓶盖,混合均匀,等待测试。

③浑浊度、悬浮物样品的采集:采集浑浊度、悬浮物样品时应注意以下三点。

a.采集水样后,应尽快从采样器中放出样品。

b.在水样装瓶的同时摇动采样器,防止悬浮物在采样器内沉降。

c.除去杂质,如树叶、杆状物等。

④重金属样品的采集:采集重金属样品时应注意以下三点。

a.采集水样后,要防止现场大气降尘而污染水样,所以要尽快放出样品。

b.为防止采样器内样品中所含污染物随悬浮物下沉而降低含量,灌装样品时必须边摇动采水器边灌装。

c.灌装后立即用 0.45 μm 过滤膜过滤处理(汞的水样除外),用酸性物质将过滤水样酸化至 pH$<$2,塞上塞子存放在洁净环境中。

⑤油类样品的采集:采集油类样品时应注意以下两点。

a.测定水中油含量应采用单层采水器来固定样品瓶,并在水体中直接灌装,采样后立即提出水面,在现场萃取。

b.油类样品的容器不应预先用海水冲洗。

⑥营养盐样品的采集:采集营养盐样品时应注意以下八点。

a.采样时先放掉少量水样,混匀后再分装样品。

b.采集样品完成后,应立即分装水样。

c.在灌装样品时,样品瓶及瓶盖至少洗两次。

d.灌装水样量应是样品瓶容量的四分之三。

e.采样时,应防止船上排污水的污染及船体的扰动。

f.要防止空气污染,特别是防止船烟和吸烟者呼出的烟雾的污染。

g.推荐用采样瓶采集营养盐样品。

h.应用0.45 μm过滤膜过滤水样,以除去颗粒物质。

(11)采样中的质量控制:为控制采样质量,还应加入现场空白样、现场平行样和现场加标样的采集与分析。

①现场空白样是指在采样现场以纯水作样品,按照测定项目的采样方法和要求,在与样品相同的条件下装瓶、保存、运输,直至送至实验室分析。通过将现场空白样与室内空白样测定结果相对照,掌握采样过程和环境条件对样品质量影响的状况。现场空白样所用的纯水的制备方法及质量要求与室内空白样的纯水相同。纯水应用洁净的专用容器存放,并由采样人员带到采样现场,运输过程中应注意防止玷污。

②现场平行样是指在相同采样条件下,采集平行双样并立马送实验室分析。测定结果可反映采样精密度和实验室测定精密度。当实验室精密度受控时,测定结果主要反映采样过程的精密度变化状况。对现场平行样要注意控制采样条件和采样操作相一致。水质中有非均相物质或分布不均匀的污染物的,在样品灌装时应摇动采样器,使样品保持均匀。

③现场加标样是指取一组现场平行样,将实验室配制的一定浓度的被测物质的标准溶液加到其中一份已知体积的水样中,另一份不变,然后按样品要求进行处理,送实验室分析。通过将测定结果与实验室加标样对比,掌握测定对象在采样、运输过程中的变化状况。现场使用的标准溶液与实验室使用的为同一标准溶液,现场加标操作应由熟练的质控人员或分析人员进行。

3.2.1.2 沉积物样品

研究海洋环境中各种污染物的沉积、迁移转化规律可以确定海区的纳污能力,研究水体污染对海洋底栖生物的影响可以对海洋环境进行评价、预测和综合管理。采集有代表性的沉积物样品是实施沉积物监测、反映海洋环境的沉积现状和污染历史的重要环节。

(1)采样站位的布设。

①沉积物采样断面的设置应与水质断面一致,以便于将沉积物的机械组成、理化性质和受污染状况与水质污染状况进行对比研究。

②沉积物采样点应与水质采样点在同一直线上,若沉积物采样点有障碍物影响采样可适当偏移。

③站位在监测海域应具有代表性,其沉积条件要稳定。选择站位应考虑以下几个方面:水动力状况(海流、水团垂直结构)、沉积盆地结构、生物扰动、沉积速率、沉积结构(地貌、粒径等)、历史数据和其他资料以及沉积物的理化特征。

(2)样品采集。

①沉积物采样的辅助器材有以下五种:

a.绞车:有电动绞车和手摇绞车两种。绞车附有直径为4～6 mm的钢丝绳,长度视水深而定,负荷50～300 kg,并配有变速装置。采集柱状样品时应使用电动绞车或吊杆,使用的钢丝绳直径为8～9 mm,负荷不低于300 kg。

b.接样盘:接样盘由木材或塑料制成,呈正方形,面积为采泥器张口面积的2～3倍。

c.刀、勺:主要由塑料制成。

d.烧杯、记录表格、塑料标签卡、铅笔、记号笔、钢卷尺、工作日记等。

e.接样箱:为木质,用于采集柱状样品,可按不同要求制作。

②表层样品的采集步骤如下:

a.将绞车的钢丝绳与采泥器连接,检查连接是否牢固,同时测量采样点水深。

b.慢速开动绞车,将采泥器放入水中。稳定后,常速下放至离海底3～5 m处,再全速降至海底,此时应将钢丝绳适当放长,浪大流急时更应如此。

c.采样完成后,慢速提升采泥器离底后,快速提至水面,再慢速提升,当采泥器高过船舷时,停止提升,再将其轻轻降至接样板上。

d.打开采泥器上部耳盖,轻轻倾斜采泥器,使上部积水缓缓流出。若因采泥器在提升过程中受海水冲刷致使样品流失过多,或因沉积物太软、采泥器下降过猛致使沉积物从耳盖中冒出,均应重采。

e.样品处理完毕,取出采泥器中的残留沉积物,冲洗干净,待用。

③柱状样的采集步骤如下:

a.先检查柱状样品采样器各部件是否安全牢固。

b.柱状样品采集前先进行表层采样,了解沉积物性质。若为砂砾沉积物,则不作重力采样。

c.确定做重力采样后,慢速开动绞车,将采泥器慢慢放入水中。待取样管在水中稳定后,常速下降至离海底3～5 m处,再全速降至海底。

d.采样完成后,慢速提升采样器,离底后快速提至水面,再慢速提升。停车后,用铁钩勾住管身转入舷内,平卧于甲板上。

e.小心将取样管上部积水倒出,测量取样管打入深度。再用通条将样品缓缓挤出,按顺序放在接样板上进行处理和描述。柱状采样器可以采集垂直断面沉积物样品,如果采集到的样品本身不具有机械强度,那么从采泥器上取下柱状采样器时应小心保持泥样纵向的完整性。若柱状样长度不足或样管斜插入海底,均应重采。

f.柱状样挤出后,清洗取样管内外,放置稳妥。

3.2.1.3　生物样品

(1)来源。海洋生物样品以贝类为主(选择生物质量监测种类的顺序依次为贻贝、牡蛎和菲律宾蛤),根据海区(滩涂)特征可增选鱼、虾和藻类作为监测生物。生物样品的来源主要包括:①生物监测站的底栖拖网捕捞。②近岸定点养殖采样。③渔船捕捞。④沿岸海域定置网捕捞及垂钓。⑤市场直接购买,但来源必须确定为监测海区。可直接购买的生物样品主要包括经济鱼类、虾蟹类、贝类及某些藻类。

(2)采样站位布设。海洋生物采样站位的布设应在对监测海域自然环境及社会状况进行调查研究的基础上,根据监测目的,按照下述原则进行布设:①监测站的布设应覆盖或代表监测海域(滩涂)生物质量,样品采自潮间带、潮下带和外海海域。②依据监测海域(滩涂)范围,以最少数量的站位获取能够满足监测目的需要的数据。③尽可能沿用历史站位。④不同类型滩涂、增养殖区,站位布设应有所不同。⑤应考虑监测海域(滩涂)的水动力状况和功能。在开阔海区,监测站可适当减少;在半封闭或封闭海区,监测站可适当加密。

站位布设应根据实际情况,以覆盖和代表监测海域(滩涂)生物质量为原则。站位布设要求如下:①采用扇形(河口近岸海域)、井字形、梅花形或网格形方法布设监测断面和监测站位。②生物监测断面布设与水质监测相一致,便于分析监测结果。③海洋大面监测断面布设基本与沿岸平行,重点考虑河口、排污口、港湾和经济敏感区。④港湾水域监测断面按网格布设,按监测目的和项目的不同,站点布设分别有所侧重。

(3)采样工具。采样时应注意采样工具对待测项目的影响,测定金属项目的采样工具应使用木质、竹质以及塑料材质。鱼类和贝类的解剖可以用不锈钢材质的刀具、剪子等。采样时一般应配备以下工具:①铁锹,采集栖息在泥沙中的动物。②铁把手,采集栖息在浅层泥沙中的贝类。③凿子,采集栖息在岩石或岩石缝隙内的动物,如牡蛎等。④解剖不锈钢刀。⑤冰瓶,保存样品。⑥组织捣碎机,获得样品匀浆。⑦一次性塑料袋。⑧一次性乳胶手套。⑨广口玻璃瓶、聚乙烯袋、纱布、卡尺、记录本、记号笔等。

(4)现场样品采集。现场样品采集主要有四种,分别为:①贝类样品的采集:挑选采集体长大致相似的个体约 1.5 kg。如果壳上有附着物,应用不锈钢刀或比较硬的毛刷剥掉,彼此相连个体应用不锈钢刀分开。采集的贝类样品用现场海水冲洗干净后,放入双层聚乙烯袋中冷冻保存,用于生物残毒及贝毒检测。②藻类样品的采集:采集大型藻类样品 100 g 左右，用现场海水冲洗干净，放入双层聚乙烯袋中冷冻保存（−20～−10 ℃）。③检测细菌学指标（粪大肠菌群、异养细菌）样品的采集：采集细菌学指标的生物样品时，应在现场用凿子凿取栖息在岩石或其他附着物上的生物个体。用铲子铲取或铁钩子扒取栖息在沙底或泥底中的生物个体。在选取生物样品时要去掉碎壳或损伤的个体（特指机械损伤），将无损伤、生物活力强的个体装入做好标记的一次性塑料袋中，然后将样品放入冰瓶冷藏（0～4 ℃），保存不得超过24 h，且全程严格采取无菌操作。④虾、鱼类样品的采集：虾、鱼类生物的取样量为 1.5 kg 左右。为了保证样品的代表性和分析用量，应视生物个体大小确定生物的个体数，保证选取足够数量（一般需要 100 g 肌肉组织）的完好样品用于分析测定。样品用现场海水冲洗干净，冰冻保存（−20～−10 ℃）。

采样时如实记录下采样日期、采样海区的位置、采样深度、采样海区的特征、使用的方法以及采集的生物种类。如果已做好样品鉴定，应记下样品的年龄、大小、质量、性别、待分析项目、贮存方式、处理方法等。

3.2.2 样品检测与分析

(1)海水水质样品检测方法参照《海洋监测规范 第 4 部分：海水分析》(GB 17378.4—2007)。

(2)沉积物样品检测方法参照《海洋监测规范 第 5 部分：沉积物分析》(GB 17378.5—2007)。

(3)生物样品检测方法参照《海洋监测规范 第 6 部分：生物体分析》(GB 17378.6—2007)。

3.2.3 分类与标准

3.2.3.1 海水水质

(1)海水水质分类：按照海域的不同使用功能和保护目标，将海水水质分为四类。

第一类：适用于海洋渔业水域、海上自然保护区和珍稀濒危海洋生物保护区。

第二类：适用于水产养殖区、海水浴场、人体直接接触海水的海上运动或娱乐区以及与人类食用直接有关的工业用水区。

第三类：适用于一般工业用水区、滨海风景旅游区。

第四类：适用于海洋港口水域、海洋开发作业区。

(2)标准——《海水水质标准》(GB 3097—1997)：海水水质标准如表 3.2 所示。

表 3.2　海水水质标准　　单位:mg/L

序号	项目	第一类	第二类	第三类	第四类
1	漂浮物质	海面不得出现油膜、浮沫和其他漂浮物质			海面无明显油膜、浮沫和其他漂浮物质
2	色、臭、味	海水不得有异色、异臭、异味			海水不得有令人厌恶和感到不快的色、臭、味
3	悬浮物质	人为增加的量≤10		人为增加的量≤100	人为增加的量≤150
4	大肠菌群/(个/L)≤	10 000 供人生食的贝类增养殖水质≤700			—
5	粪大肠菌群/(个/L)≤	2000 供人生食的贝类增养殖水质≤140			—
6	病原体	供人生食的贝类增养殖水质不得含有病原体			
7	水温	人为造成的海水温升夏季不超过当时当地 1 ℃,其他季节不超过 2 ℃		人为造成的海水温升夏季不超过当时当地 4 ℃	
8	pH	7.8~8.5,同时不超出该海域正常变动范围的 0.2 pH 单位		6.8~8.8,同时不超出该海域正常变动范围的0.5 pH单位	
9	溶解氧>	6	5	4	3
10	化学需氧量(COD)≤	2	3	4	5
11	生化需氧量(BOD_5)≤	1	3	4	5
12	无机氮(以氮计)≤	0.2	0.3	0.4	0.5
13	非离子氮(以氮计)≤	0.02			
14	活性磷酸盐(以磷计)≤	0.015	0.030		0.045
15	汞≤	0.000 05	0.000 20		0.000 50
16	镉≤	0.001	0.005	0.01	
17	铅≤	0.001	0.005	0.010	0.050
18	六价铬≤	0.005	0.01	0.02	0.05

续表

序号	项目	第一类	第二类	第三类	第四类
19	总铬≤	0.05	0.10	0.20	0.50
20	砷≤	0.02	0.03	0.05	
21	铜≤	0.005	0.10	0.05	
22	锌≤	0.02	0.05	0.10	0.50
23	硒≤	0.01	0.02		0.05
24	镍≤	0.005	0.01	0.02	0.05
25	氰化物≤	0.005		0.100	0.200
26	硫化物(以硫计)≤	0.02	0.05	0.10	0.25
27	挥发性酚≤	0.005		0.01	0.05
28	石油类≤	0.05		0.30	0.50
29	六六六≤	0.001	0.002	0.003	0.005
30	滴滴涕≤	0.000 05	0.000 1		
31	马拉硫磷≤	0.000 5	0.001		
32	甲基对硫磷≤	0.000 5	0.001		
33	苯并(a)芘/(μg/L)≤	0.002 5			
34	阴离子表面活性剂(以LAS计)	0.03	0.10		
35	放射性核素/(Bq/L) ^{60}Co	0.03			
	放射性核素/(Bq/L) ^{90}Sr	4.0			
	放射性核素/(Bq/L) ^{106}Rn	0.2			
	放射性核素/(Bq/L) ^{134}Cs	0.6			
	放射性核素/(Bq/L) ^{137}Cs	0.7			

3.2.1.2　海洋沉积物质量

(1)海洋沉积物质量分类:按照海域的不同使用功能和环境保护目标,将海洋沉积物质量分为三类。

第一类:适用于海洋渔业水域、海洋自然保护区、珍稀与濒危生物自然保护区、海水养殖区、海水浴场、人体直接接触沉积物的海上运动或娱乐区以及与人类食用直接有关的工业用水区。

第二类:适用于一般工业用水区、滨海风景旅游区。

第三类:适用于海洋港口水域、特殊用途的海洋开发作业区。

(2)标准——《海洋沉积物质量》(GB 18668—2002):海洋沉积物质量标准如表3.3所示。

表3.3　海洋沉积物质量标准　　单位:mg/L

序号	项目	指标		
		第一类	第二类	第三类
1	废弃物及其他	海底无工业、生活废弃物,无大型植物碎屑和动物尸体等		海底无明显工业、生活废弃物,无明显大型植物碎屑和动物尸体等
2	色、臭、结构	沉积物无异色、异臭,是自然结构		—
3	大肠菌群/(个/g,湿重)≤	200*		—
4	粪大肠菌群/(个/g,湿重)≤	40**		—
5	病原体	供人生食的贝类增养殖底质不得含有病原体		—
6	汞($\times10^{-6}$)≤	0.20	0.50	1.00
7	镉($\times10^{-6}$)≤	0.50	1.50	5.00
8	铅($\times10^{-6}$)≤	60.0	130.0	250.0
9	锌($\times10^{-6}$)≤	150.0	350.0	600.0
10	铜($\times10^{-6}$)≤	35.0	100.0	200.0
11	铬($\times10^{-6}$)≤	80.0	150.0	270.0
12	砷($\times10^{-6}$)≤	20.0	65.0	93.0
13	有机碳($\times10^{-2}$)≤	2.0	3.0	4.0
14	硫化物($\times10^{-6}$)≤	300.0	500.0	600.0
15	石油类($\times10^{-6}$)≤	500.0	1000.0	1500.0
16	六六六($\times10^{-6}$)≤	0.50	1.00	1.50
17	滴滴涕($\times10^{-6}$)≤	0.02	0.05	0.10

续表

序号	项目	指标		
		第一类	第二类	第三类
18	多氯联苯($\times 10^{-6}$)≤	0.02	0.20	0.60

注:1.除大肠菌群、粪大肠菌群、病原体外,其余数值测定项目(序号6～18)均以干重计。

* 对供人生食的贝类增养殖底质,大肠菌群(个/g,湿重)要求≤14。

* * 对供人生食的贝类增养殖底质,大肠菌群(个/g,湿重)要求≤3。

3.2.1.3 海洋生物质量

(1)海洋生物质量的分类:按照海域的使用功能和环境保护的目标,将海洋生物质量分为三类。

第一类:适用于海洋渔业水域、海水养殖区、海洋自然保护区以及与人类食用直接有关的工业用水区。

第二类:适用于一般工业用水区、滨海风景旅游区。

第三类:适用于港口水域和海洋开发作业区。

(2)标准——《海洋生物质量》(GB 18421—2001):海洋贝类生物质量标准如表3.4所示。

表3.4 海洋贝类生物质量标准值(鲜重) 单位:mg/L

序号	项目	第一类	第二类	第三类
1	感官要求	贝类的生长和活动正常,杯体不得沾油污等异物,贝肉的色泽、气味正常,无异色、异臭、异味		贝类能生存,贝肉不得有明显的异色、异臭、异味
2	粪大肠菌群/(个/kg)≤	3000	5000	—
3	麻痹性贝毒	0.8		
4	总汞≤	0.05	0.10	0.30
5	镉≤	0.2	2.0	5.0
6	铅≤	0.1	2.0	6.0
7	铬≤	0.5	2.0	6.0
8	砷≤	1.0	5.0	8.0
9	铜≤	10	25	50(牡蛎100)
10	锌≤	20	50	100(牡蛎500)
11	石油烃≤	15	50	80

续表

序号	项目	第一类	第二类	第三类
12	六六六≤	0.02	0.15	0.50
13	滴滴涕≤	0.01	0.10	0.50

注:1.以贝类去壳部分的鲜重计。
2.六六六含量为四种异构体总和。
3.滴滴涕含量为四种异构体总和。

3.3　海洋环境质量(要素)司法鉴定方法

3.3.1　水环境质量评价方法

水环境质量评价又称“水质评价”,是根据水的用途,按照一定的评价标准、评价参数和评价方法,对水域的水质或水域综合体的质量进行定性或定量评定。按照水体的不同,水质评价可分为河水质量评价、湖泊(水库)质量评价、海洋质量评价、地下水质量评价等;按照使用目的,水质评价可分为饮用水质量评价、渔业用水质量评价、工业用水质量评价、农业用水质量评价、游泳用水质量评价、风景及游览用水质量评价等。水质评价的工作内容包括评价参数(包括一般评价参数、氧平衡参数、重金属参数、有机污染物参数、无机污染物参数、生物参数等)选取、水体监测和监测值处理、评价标准选择、评价方法确定等。水质评价方法分为两种:一种是以生物种群与水质的关系进行评价的生物学评价方法;另一种是以水质的化学监测值为主的监测指标评价方法。后者又分为单一参数评价法和多项参数评价法(指数评价法),如罗斯(Ross)水质指数。

单一参数评价法一般采用单因子评价,即取某一评价因子的多次监测的极值或平均值与该因子的标准值相比较。在水环境质量评价中,当有一项指标超过相应功能的标准值时,就表示该水体已经不能完全满足该功能区的要求,因此单一参数评价法可以非常简单明确地表明水域是否满足功能要求,是水环境质量评价中最常用的方法。在海洋环境质量的鉴定中通常采用以下几种方法:

(1)油类评价法。该法采用单因子指数评价法进行评价,单因子评价公式为

$$I_i=\frac{C_i}{C_s} \tag{3.1}$$

式中,I_i为第 i 站位海水油类污染指数;C_i为第 i 站位海水油类含量的实测值;C_s为油类海水水质评价标准值。

(2)pH 评价法。pH 值有其特殊性,其第一、二类评价标准值为 7.8～8.5,因此取上下限的平均值(8.15)为参量。pH 值标准指数计算公式为

$$\begin{cases} P_i = \dfrac{7.0 - pH_i}{7.0 - pH_x}, & pH < 7.0 \\ P_i = \dfrac{pH_i - 7.0}{pH_{su} - 7.0}, & pH > 7.0 \end{cases} \tag{3.2}$$

式中，P_i 为第 i 站位 pH 值的污染指数；pH_i 为第 i 站位 pH 的实测浓度值；pH_{su}为水质标准中 pH 值上限；pH_x 为水质标准中 pH 值下限。

(3)溶解氧(DO)评价法。溶解氧的污染指数为

$$I_i(DO) = \frac{|DO_f - DO|}{DO_f - DO_s}, \quad DO \geqslant DO_s \tag{3.3}$$

$$I_i(DO) = \frac{10 - 9DO}{DO_s}, \quad DO < DO_s \tag{3.4}$$

式中，DO_f为水样中氧的饱和浓度(mg/L)；DO_s为溶解氧标准值。

3.3.2 污染面积确定方法

(1)Surfer 差值法：Surfer 软件是美国 Golden Software 公司编制的绘图软件，通过其“插值”功能来实现离散数值连续化(等值线)表达，在海洋环境科学中得到了广泛应用。调查海域油含量分布可采用 Surfer 软件，依据调查表层海水油类含量的数据作出油类含量平面分布图，据此确定油类污染的位置、范围和面积。

(2)卫星遥感法：卫星遥感法是一种先进的统计调查方法，它是利用卫星在空间轨道上对地表和大气层的不同位置配备各式各样的遥感器来获取所需图像或数字信息，经过对图像或数字信息进行处理、判读、数据转换得到所需的数据资料。它能通过对地球一天重复进行两次遥感摄影的气象卫星或 18 天将地球遥感影像测量重复一次的陆地卫星来快速、准确地获取大范围和突发性事件的数据资料。对于大范围的调查对象，卫星遥感法不仅可以大大缩短时间，而且可以节省大量的人力和财力，从而降低调查费用。

(3)数值模拟法：数值模拟法又称“数值分析方法”，是指运用海洋环境动力学等科学知识和技术，对海洋动力条件(流场、纳潮量、风、周边海域地形等)变化、物质(污染物、泥沙)输运轨迹和扩散范围等事项进行调查、模拟和评估。

溢油数值模拟基于欧拉-拉格朗日理论体系，采用“油粒子”随机走动的方法模拟油类污染物在海洋环境中的扩展、漂移以及风化等过程，从而对油粒子漂移轨迹、油粒子扩散范围、浓度分布、溢油扫海面积以及残油量等特征随时间变化的情况作系统描述。

3.4 海洋环境质量(要素)司法鉴定案例

2016 年 5 月，“A”轮与“B”轮在我国海域发生碰撞，“A”轮沉没。此次事故造成“A”

轮大量燃料油外泄，对事故海域产生了污染。山东海事司法鉴定中心接受委托，对此次溢油污染事故所造成的环境质量影响进行了鉴定评估。

3.4.1 事故海域环境现状调查

3.4.1.1 调查站位

针对本次溢油污染事故，山东海事司法鉴定中心在事故海域共进行了两次调查。第一次调查时，在事故海域共设28个水质、沉积物调查站位，站位分布如图3.1所示。第二次调查时，在事故海域共设16个水质调查站位，站位分布如图3.2所示。

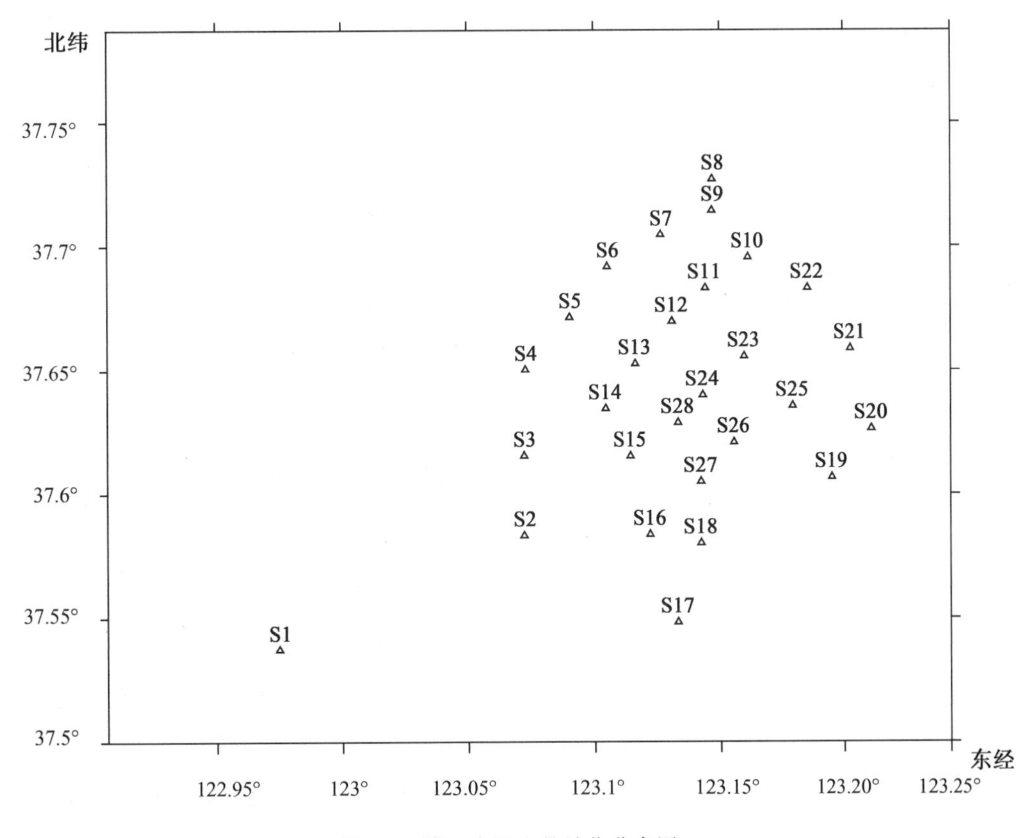

图3.1 第一次调查的站位分布图

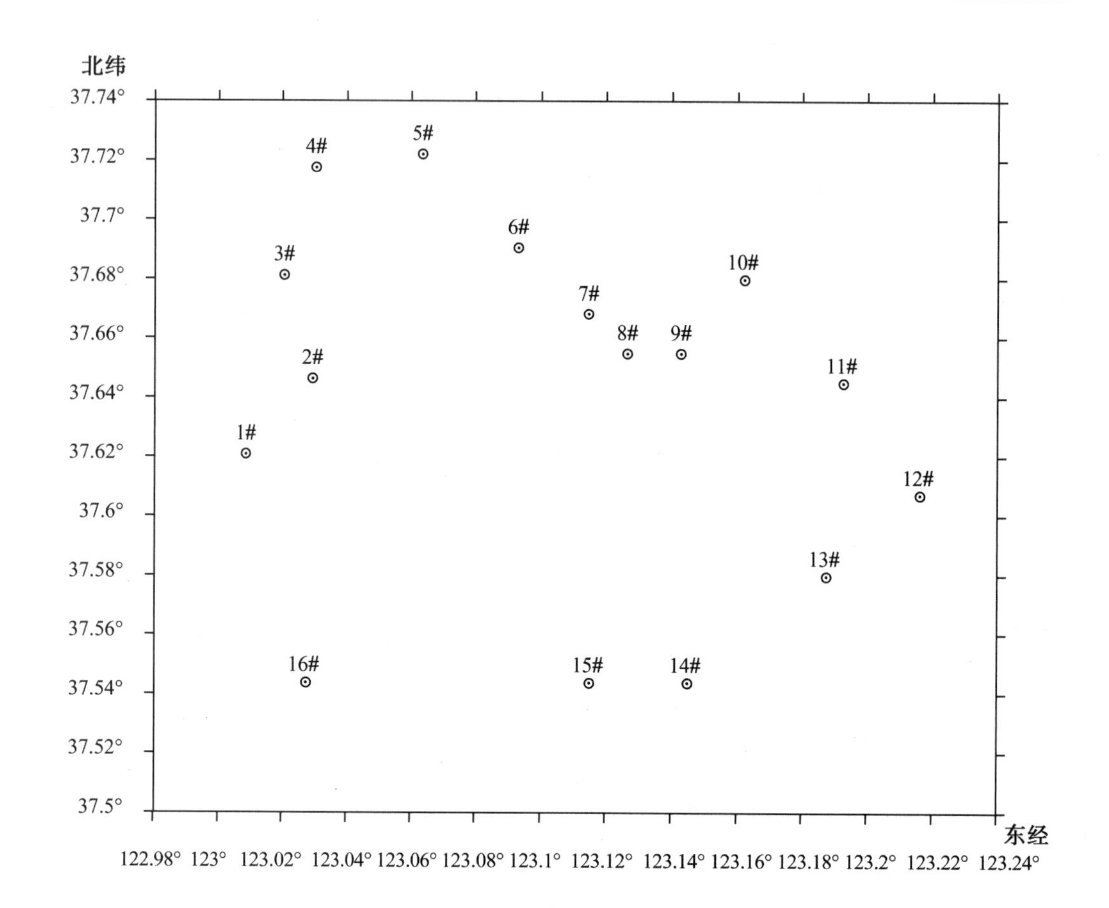

图 3.2　第二次调查的站位分布图

3.4.1.2 调查项目和样品分析方法

(1)调查项目:第一次调查的项目包括水样中的油类、无机氮(氨氮+亚硝酸盐氮+硝酸盐氮)、无机磷、化学需氧量(COD)、温度、溶解氧、pH 值及沉积物中的油类共 10 项;第二次调查的项目为水样中的油类 1 项。

(2)样品分析方法:油类、无机磷、化学需氧量和无机氮等按照国家《海洋监测规范》(GB 17378—2007)和《海洋调查规范》(GB 12763—2007)进行取样调查。根据水深情况,山东海事司法鉴定中心调查了表、中、底三层的水样。溶解氧、温度、pH 值采用多参数水质仪进行现场测定,仅调查了表层海水的水样。样品分析方法如表 3.5 所示。

表 3.5 样品分析方法

项目		分析方法
油类	水样	紫外分光光度法
	沉积物	
无机氮		硝酸盐氮-锌镉还原法 亚硝酸盐氮-萘乙二胺分光光度法 氨氮-次溴酸盐氧化法
化学需氧量		碱性高锰酸钾法
无机磷		磷钼蓝分光光度法

3.4.1.3 调查结果

(1)第一次调查结果:

①水温(T)、pH 值和溶解氧(DO)的调查结果:调查区表层海水水温变化范围为 23.7~28.0 ℃,平均值为 26.3 ℃。表层海水 pH 值的变化范围为 8.16~8.19,平均值为 8.17,pH 值的分布如图 3.3 所示。调查区表层海水中溶解氧的含量变化范围为 7.97~8.92 mg/L,平均值为 8.44 mg/L,溶解氧(DO)平面分布如图 3.4 所示。

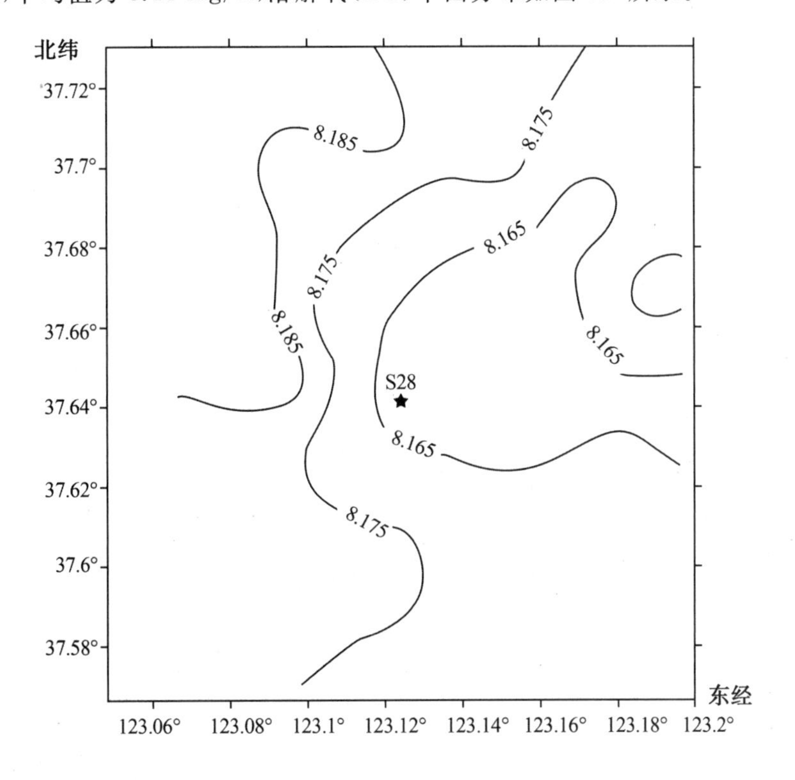

图 3.3 第一次调查的表层海水 pH 值分布

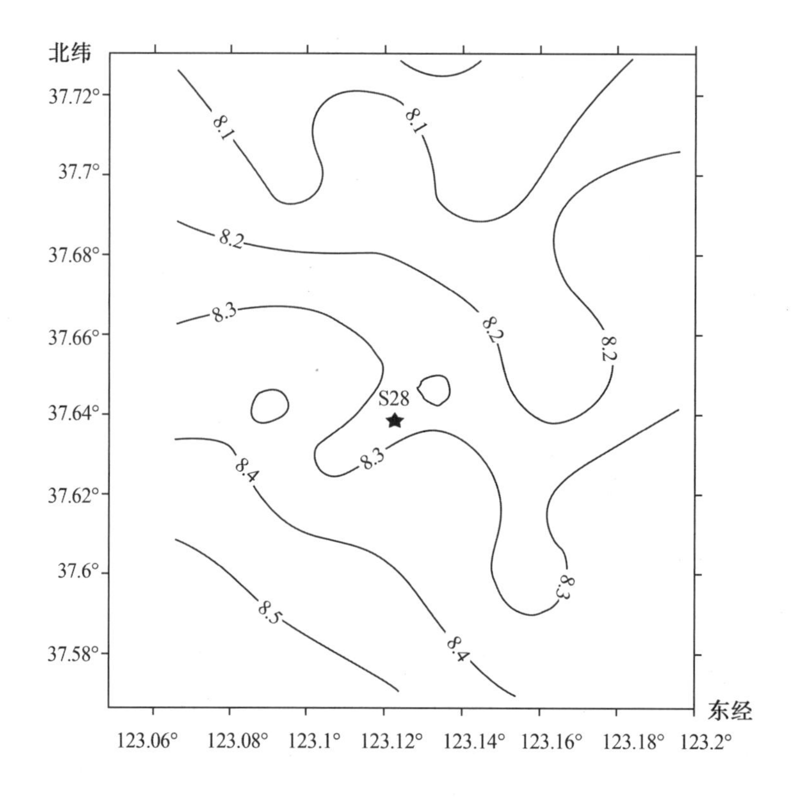

图 3.4　第一次调查的表层海水 DO 分布

②化学需氧量(COD)调查结果:调查区表层海水化学需氧量变化范围为 0.63～1.75 mg/L,平均值为 1.19 mg/L;中层海水化学需氧量变化范围为 0.36～1.27 mg/L,平均值为 0.81 mg/L;底层海水化学需氧量变化范围为 0.60～1.27 mg/L,平均值为 0.93 mg/L。不同站位的 COD 调查结果如图 3.5 所示,COD 分布如图 3.6 所示。

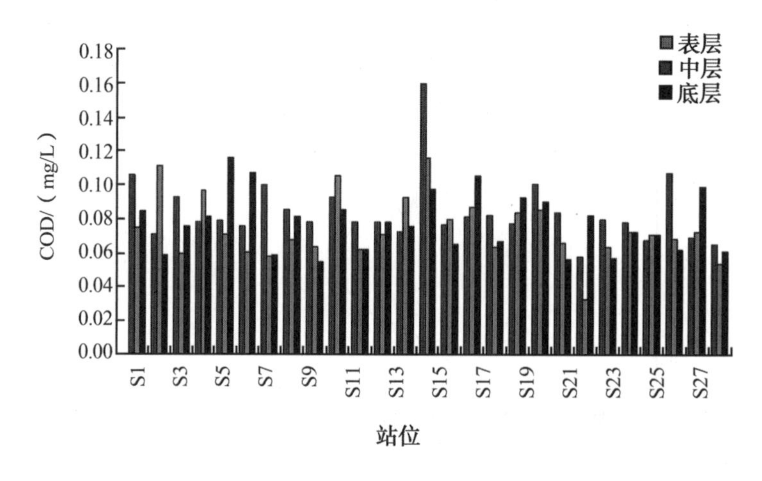

图 3.5　第一次调查的海水 COD 结果

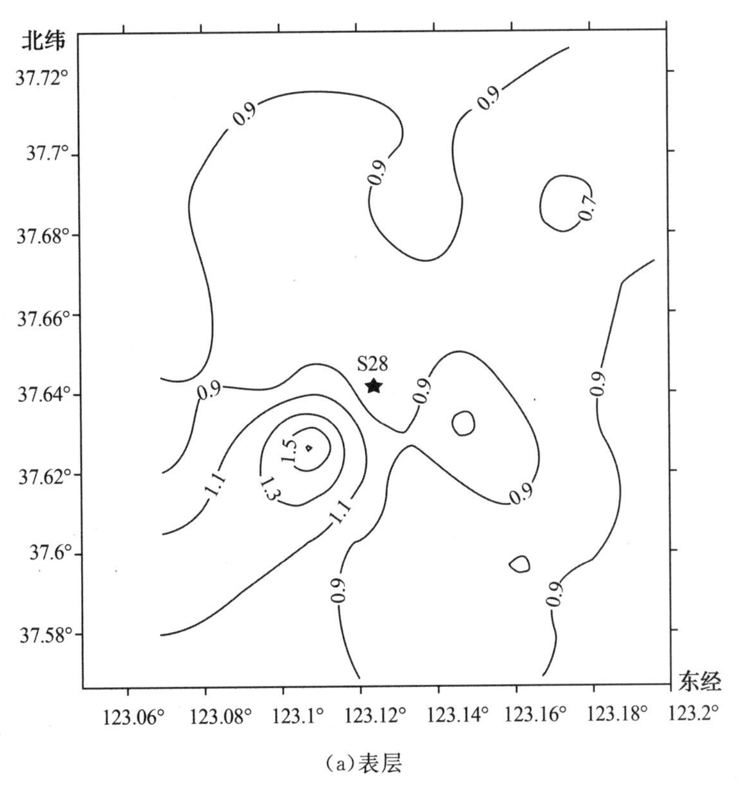
北纬
37.72°
37.7°
37.68°
37.66°
37.64°
37.62°
37.6°
37.58°
0.9
0.7
1.1
1.3
1.5
S28
东经
123.06°
123.08°
123.1°
123.12°
123.14°
123.16°
123.18°
123.2°

(a)表层

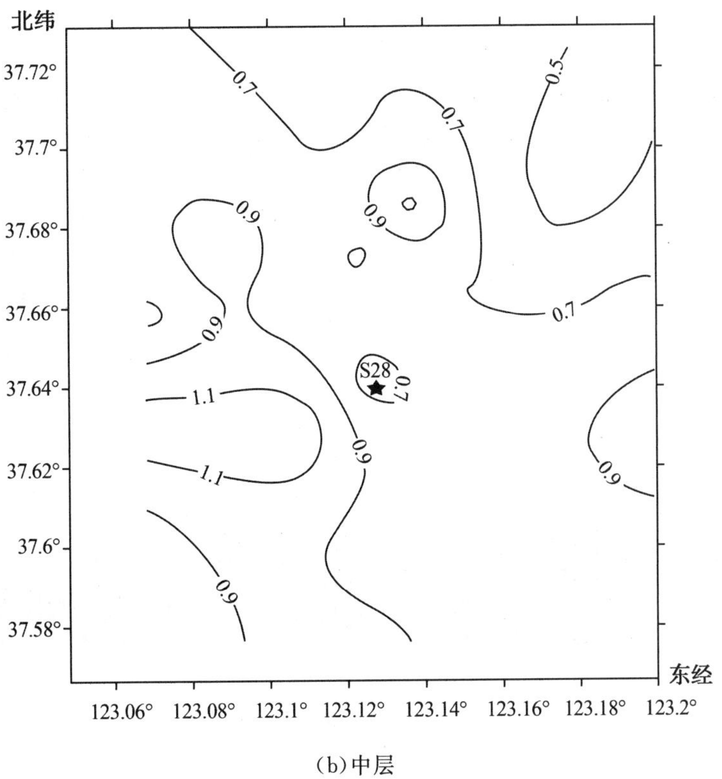
北纬
37.72°
37.7°
37.68°
37.66°
37.64°
37.62°
37.6°
37.58°
0.5
0.7
0.9
1.1
S28
东经
123.06°
123.08°
123.1°
123.12°
123.14°
123.16°
123.18°
123.2°

(b)中层

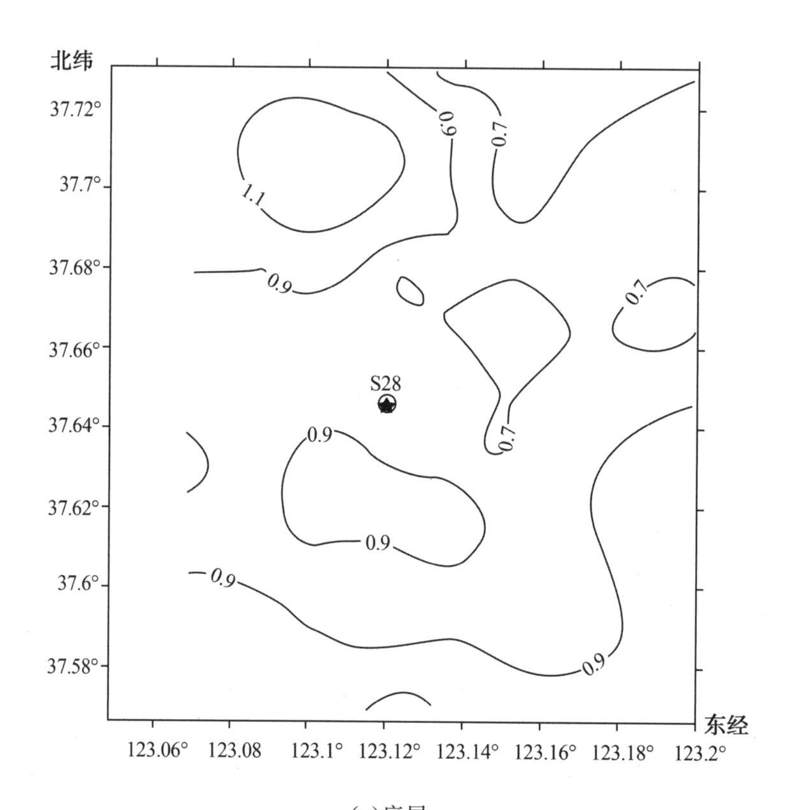

(c)底层

图 3.6 第一次调查的海域 COD 分布

③无机氮(DIN)调查结果:调查区表层海水无机氮总含量变化范围为 0.032～0.144 mg/L,平均值为0.088 mg/L;调查区中层海水无机氮总含量变化范围为 0.034～0.179 mg/L,平均值为 0.106 mg/L;调查区底层海水无机氮总含量变化范围为 0.033～0.09 mg/L,平均值为 0.061 mg/L。不同站位的无机氮含量的调查结果如图 3.7 所示,无机氮分布如图 3.8 所示。

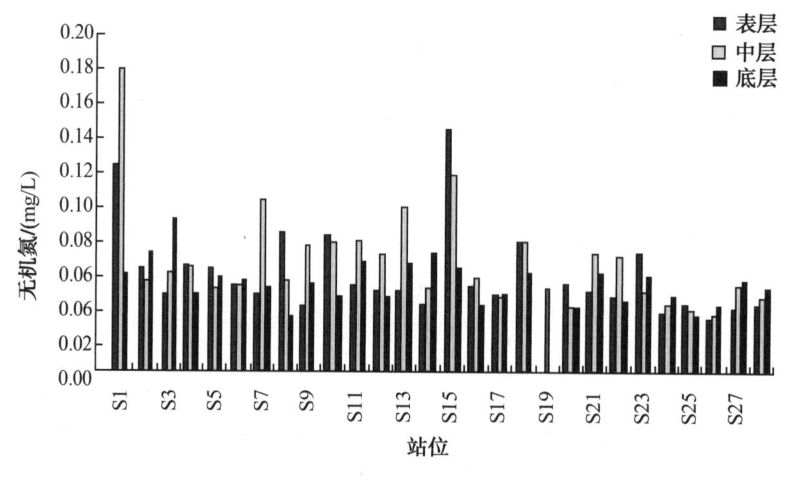

图 3.7 第一次调查的海水无机氮结果

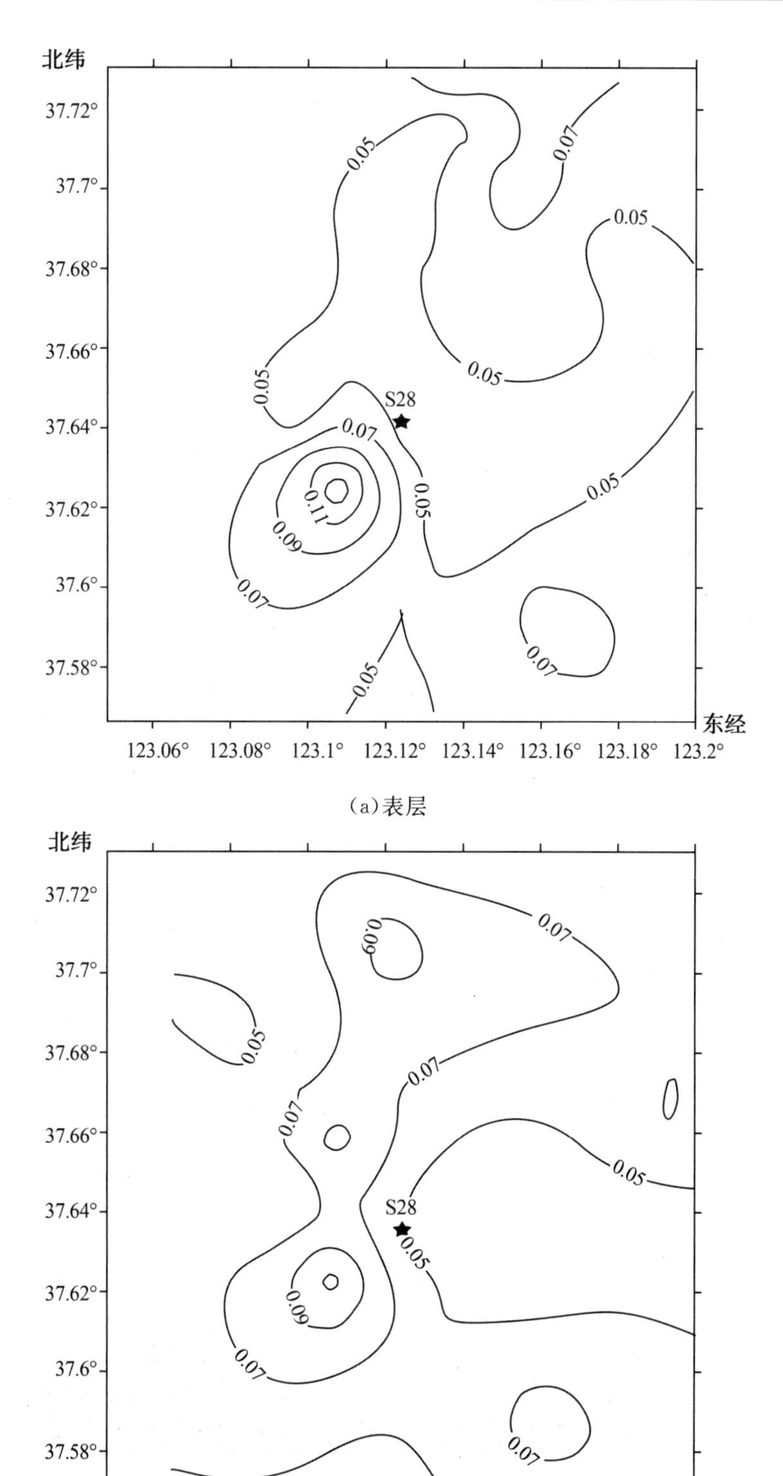
北纬
37.72°
37.7°
37.68°
37.66°
37.64°
37.62°
37.6°
37.58°
0.05
0.07
0.05
0.05
0.05
S28
0.07
0.11
0.09
0.05
0.05
0.07
0.05
0.07
东经
123.06°
123.08°
123.1°
123.12°
123.14°
123.16°
123.18°
123.2°
北纬
37.72°
37.7°
37.68°
37.66°
37.64°
37.62°
37.6°
37.58°
0.09
0.07
0.05
0.07
0.07
0.05
S28
0.05
0.09
0.07
0.07
东经
123.06°
123.08°
123.1°
123.12°
123.14°
123.16°
123.18°
123.2°

(a)表层

(b)中层

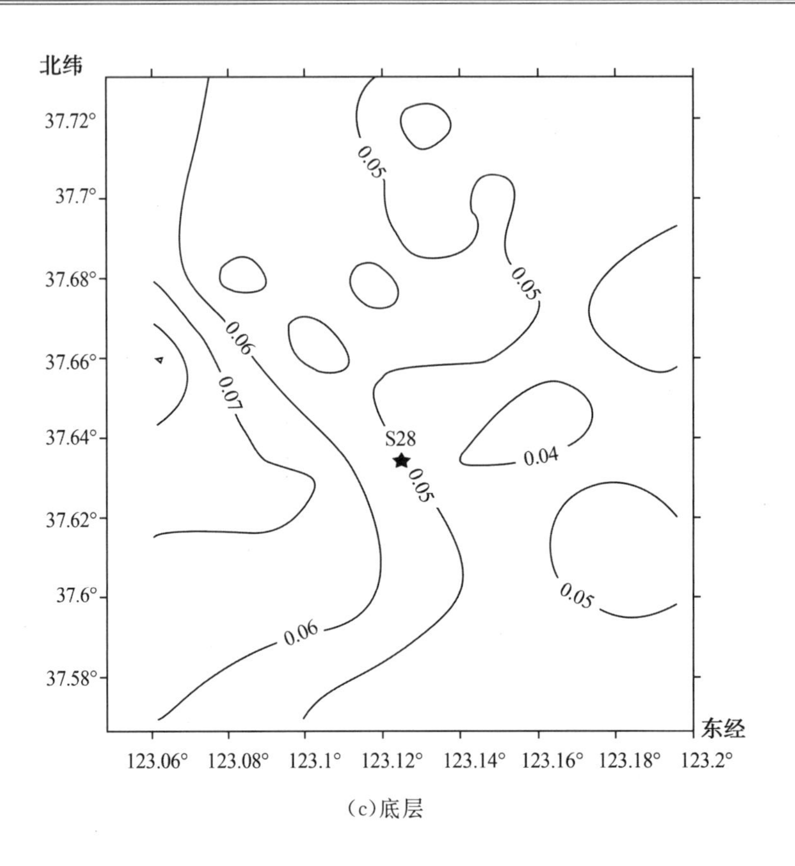

(c)底层

图 3.8　第一次调查的海域无机氮分布

④活性磷酸盐(PO_4-P)调查结果:调查区表层海水活性磷酸盐总含量变化范围为0.014～0.062 mg/L,平均值为0.038 mg/L;调查区中层海水活性磷酸盐总含量变化范围为 0.021～0.087 mg/L,平均值为 0.054 mg/L;调查区底层海水活性磷酸盐总含量变化范围为 0.014～0.062 mg/L,平均值为 0.038 mg/L。不同站位的活性磷酸盐含量的调查结果如图 3.9 所示,活性磷酸盐分布如图 3.10 所示。

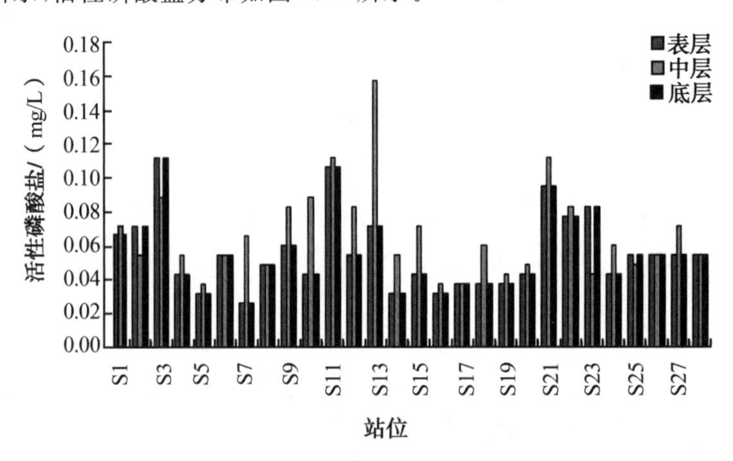

图 3.9　第一次调查的海水活性磷酸盐结果

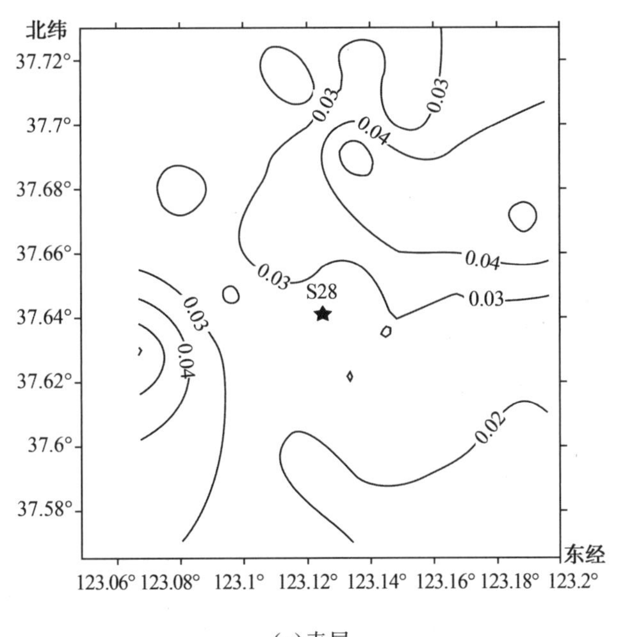
北纬
37.72°
37.7°
37.68°
37.66°
37.64°
37.62°
37.6°
37.58°
东经
123.06° 123.08° 123.1° 123.12° 123.14° 123.16° 123.18° 123.2°
S28
0.03
0.04
0.02

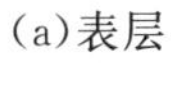
(a)表层

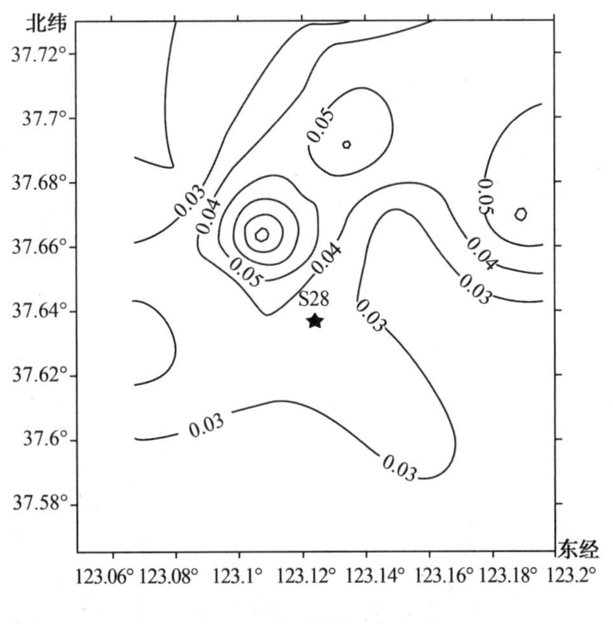
北纬
37.72°
37.7°
37.68°
37.66°
37.64°
37.62°
37.6°
37.58°
东经
123.06° 123.08° 123.1° 123.12° 123.14° 123.16° 123.18° 123.2°
S28
0.03
0.04
0.05

(b)中层

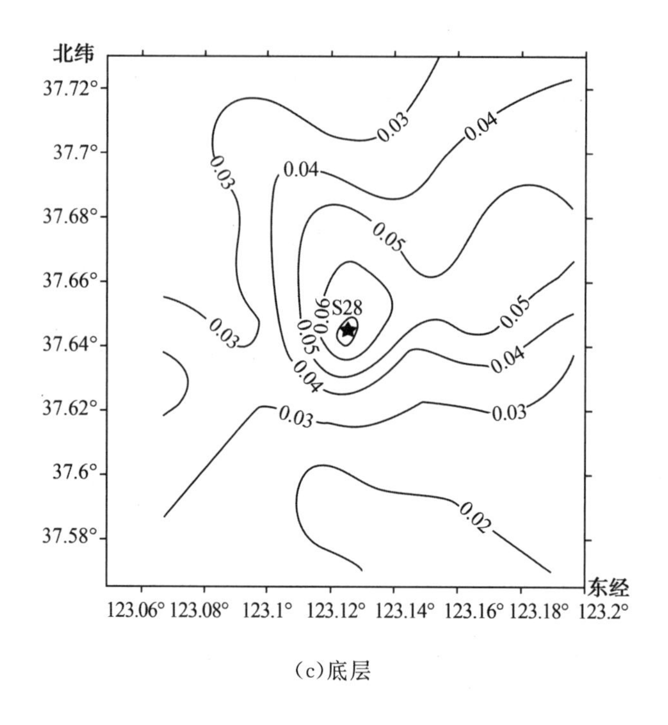

(c)底层

图 3.10　第一次调查的海域活性磷酸盐分布

⑤油类调查结果：调查区表层海水油类含量变化范围为 0.033～0.156 mg/L，平均值为 0.094 mg/L；调查区中层海水油类含量变化范围为 0.001～0.110 mg/L，平均值为 0.055 mg/L；调查区底层海水油类含量变化范围为 0.004～0.048 mg/L，平均值为 0.026 mg/L。不同站位的石油烃含量调查结果分布如图 3.11 所示，油类分布如图 3.12 所示。

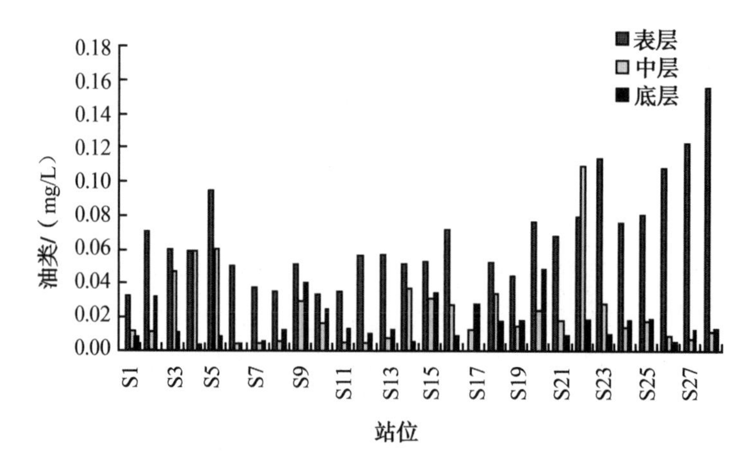

图 3.11　第一次调查的海域油类结果

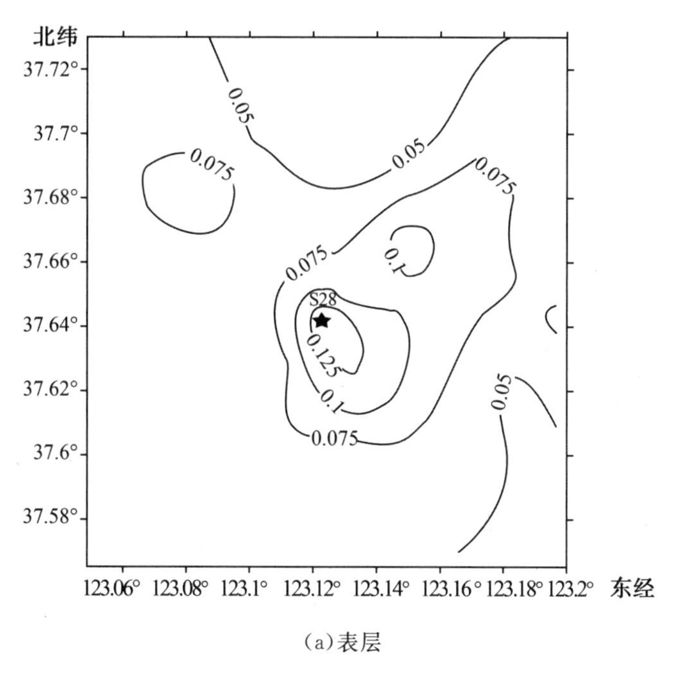
北纬
37.72°
37.7°
37.68°
37.66°
37.64°
37.62°
37.6°
37.58°
123.06° 123.08° 123.1° 123.12° 123.14° 123.16° 123.18° 123.2° 东经
0.05
0.05
0.075
0.075
0.075
0.1
S28
0.125
0.1
0.075
0.05

(a)表层

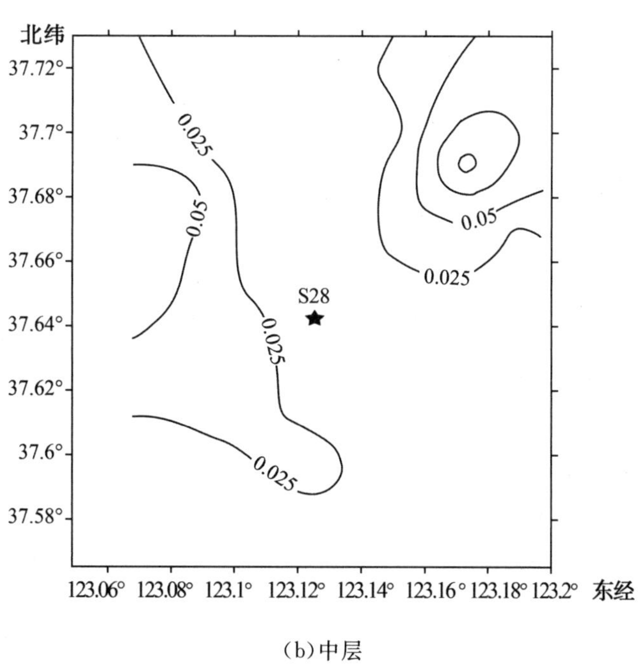
北纬
37.72°
37.7°
37.68°
37.66°
37.64°
37.62°
37.6°
37.58°
123.06° 123.08° 123.1° 123.12° 123.14° 123.16° 123.18° 123.2° 东经
0.025
0.05
0.05
0.025
S28
0.025
0.025

(b)中层

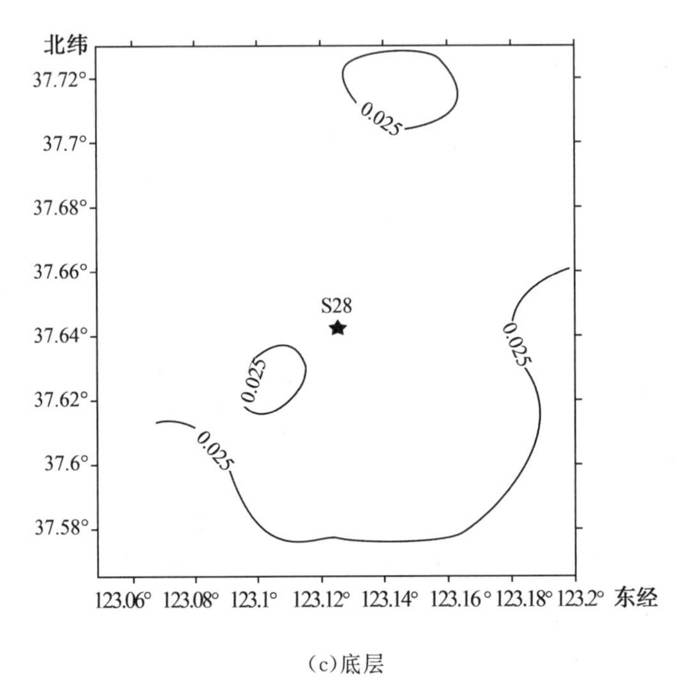

(c)底层

图 3.12　第一次调查的海域油类分布

⑥沉积物油类调查结果:调查区中沉积物油类含量变化范围为 3.41～171.88 μg/g,平均值为 87.64 μg/g,结果与分布如图 3.13、图 3.14 所示。

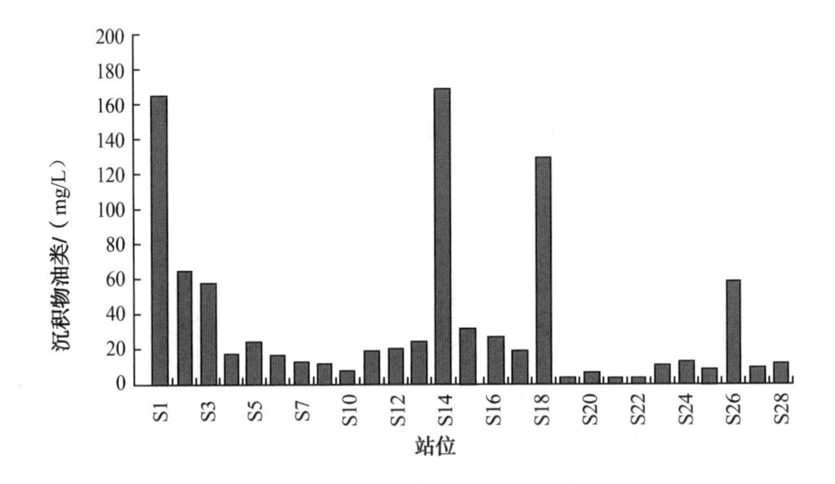

图 3.13　第一次调查的沉积物中油类含量

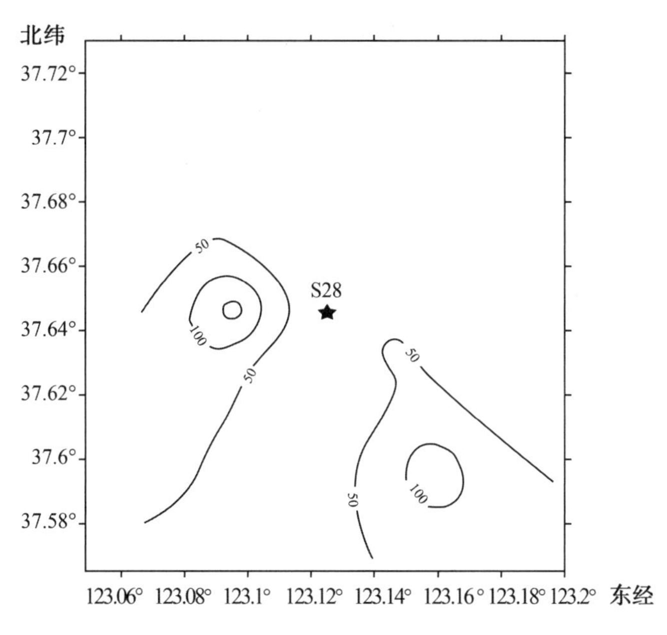

图 3.14　第一次调查的沉积物中油类含量分布

(2)第二次调查结果:第二次调查时,调查区表层海水油类含量变化范围为 0.011～0.101 mg/L,平均值为 0.056 mg/L,其结果和分布如图 3.15、图 3.16 所示。

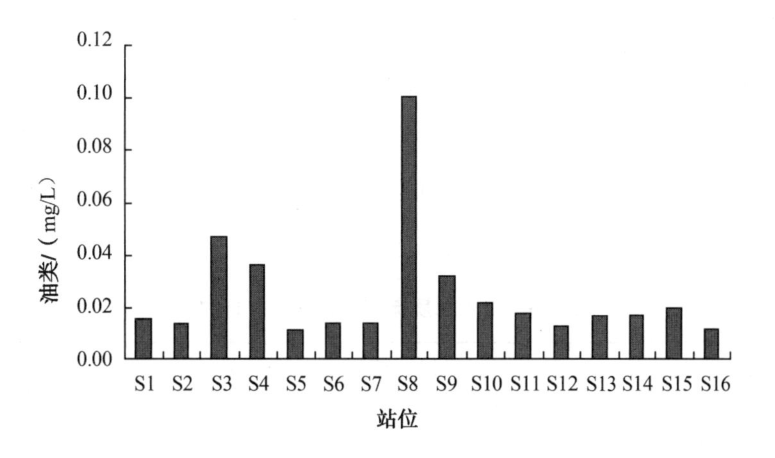

图 3.15　第二次调查的海域油类含量

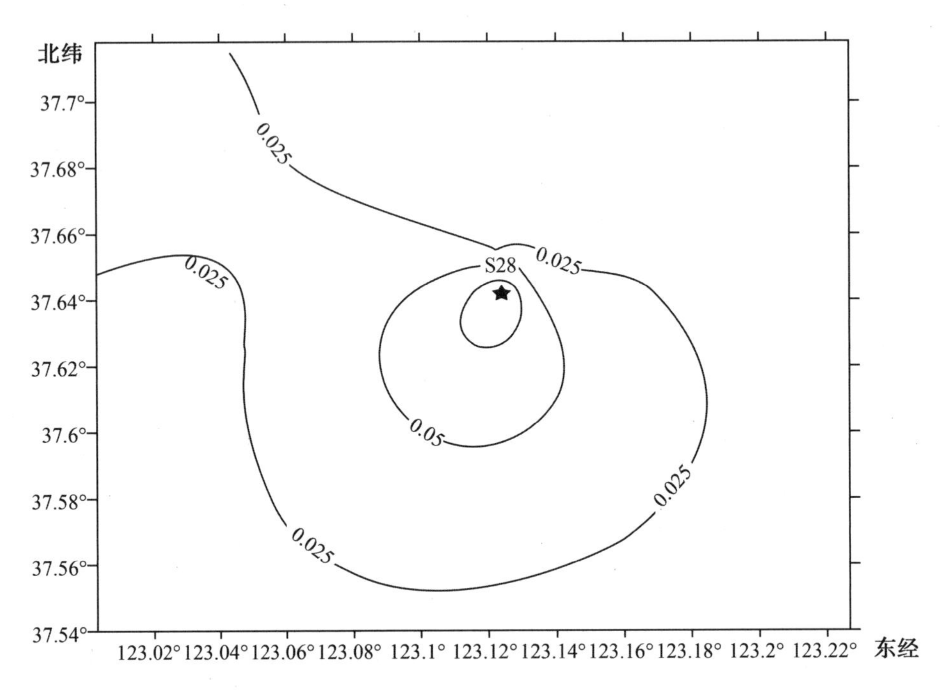

图 3.16　第二次调查的海域油类含量分布

3.4.2　事故海域环境质量评价

(1)评价因子:评价因子包括 pH 值、DO、COD、DIN、PO_4-P、油类六个项目。

(2)评价标准:水样采用《海水水质标准》(GB 3097—1997)中的第二类进行评价,如表 3.6 所示。沉积物采用《海洋沉积物质量》(GB 18668—2002)中的第一类进行评价,如表 3.7 所示。

表 3.6　海水水质标准(GB 3097—1997)　　[单位:mg/L(除 pH 外)]

序号	项目	第一类	第二类	第三类	第四类
1	pH 值	7.8～8.5		6.8～8.8	
2	溶解氧(DO)＞	6	5	4	3
3	化学需氧量(COD)≤	2	3	4	5
4	无机氮(以氮计)≤	0.20	0.30	0.40	0.50
5	活性磷酸盐(以磷计)≤	0.015	0.030	0.030	0.045
6	油类≤	0.05	0.05	0.25	0.50

表 3.7 沉积物质量标准(GB 18668—2002) (单位:10^{-6})

项目	第一类	第二类	第三类
石油类$\times 10^{-6} \leqslant$	500.0	1000.0	15 000.0

(3)评价方法:山东海事司法鉴定中心采用单因子污染指数法进行水质和沉积物质量评价。

单因子污染指数公式为

$$I_i = \frac{C_i}{C_s} \tag{3.5}$$

式中,I_i为某一水质或沉积物要素的污染指数;C_i为某一水质或沉积物要素的实测值;C_s为与C_i对应的水质或沉积物要素的海水水质或沉积物质量标准值。

pH 的污染指数公式为

$$I_{\mathrm{pH}} = \frac{|P_i - 8.15|}{|P_{上} - 8.15|} \tag{3.6}$$

式中,I_{pH}为 pH 值的污染指数;$P_{上}$为 pH 标准的上限值;P_i为 pH 值的实测值。

溶解氧(DO)的污染指数计算公式为

$$\begin{cases} I_i(\mathrm{DO}) = \dfrac{|\mathrm{DO_f} - \mathrm{DO}|}{\mathrm{DO_f} - \mathrm{DO_s}}, \quad \mathrm{DO} \geqslant \mathrm{DO_s} & (3.7) \\ I_i(\mathrm{DO}) = 10 - 9\dfrac{\mathrm{DO}}{\mathrm{DO_s}}, \quad \mathrm{DO} < \mathrm{DO_s} & (3.8) \end{cases}$$

式中,$\mathrm{DO_f}$为现场水温条件下,水样中氧的饱和浓度(mg/L),$\mathrm{DO_f} = 468/(31.6 + T)$;$T$是水温(℃);$\mathrm{DO_s}$为溶解氧标准值。

(4)评价结果:根据式(3.1)～(3.4),计算各监测站水质和沉积物污染指数,污染指数范围及站位超标率如表 3.8、表 3.9 所示。

从表 3.8 可以看出:第一次调查表层海水中油类含量最大的站位超标倍数为 2.12 倍,平均超标倍数为 0.36 倍,站位超标率为 78%;中层海水中油类含量最大的站位超标倍数为 1.19 倍,站位超标率为 11%;底层海水中油类不超标。第一次调查沉积物油类不超标;第二次调查表层海水中油类含量最大的站位超标倍数为 1.01 倍,站位超标率为 6%。

表 3.8 调查海域污染指数表(一)

项目	pH 值	DO	COD			DIN			PO_4-P		
	表层	表层	表层	中层	底层	表层	中层	底层	表层	中层	底层
最小值	0.02	0.01	0.21	0.12	0.20	0.11	0.11	0.11	0.48	0.69	0.48
最大值	0.11	0.15	0.58	0.42	0.42	0.48	0.60	0.30	2.06	2.90	2.06
平均值	0.07	0.07	0.31	0.27	0.28	0.19	0.22	0.18	1.03	1.24	1.03
超标站位数	0	0	0	0	0	0	0	0	15	20	15
站位超标率/%	0	0	0	0	0	0	0	0	54	71	54

表 3.9 调查海域污染指数表(二)

项目	第一次调查海水中油类			第一次调查沉积物中油类	第二次调查水中油类(表层)
	表层	中层	底层		
最小值	0.66	0.02	0.08	0.01	0.23
最大值	3.12	2.19	0.97	0.34	2.01
平均值	1.36	0.47	0.33	0.07	0.51
超标站位数	22	3	0	0	1
站位超标率/%	78	11	0	0	6

3.4.3 油类污染面积估算

3.4.3.1 第一次调查海水中油类超标面积

(1)表层海水:图 3.17 所示为第一次调查表层海水中油类污染的面积分布,其中绿色区域为实际调查站位得到的污染范围,估算其海域超标准(0.05 mg/L)污染面积约为 160.0 km^2,超标准0.5 倍(0.075 mg/L)污染面积约为 49.4 km^2,超标准 1.0 倍(0.10 mg/L)污染面积约为10.7 km^2。

根据绿色区域外边界的情况,可以判断:溢油实际的污染面积已经超出了现场调查的范围。因此,为了估算溢油实际的污染面积大小,首先考虑对照点(S1)的影响限制,得到蓝色加绿色区域的污染范围。通过估算,其溢油超标(0.05 mg/L)污染面积约为 314.0 km^2。其次,通过趋势外推法,得到粉色加蓝色加绿色区域为溢油海域可能的总污

染范围,其超标(0.05 mg/L)污染面积约为 668.0 km²。

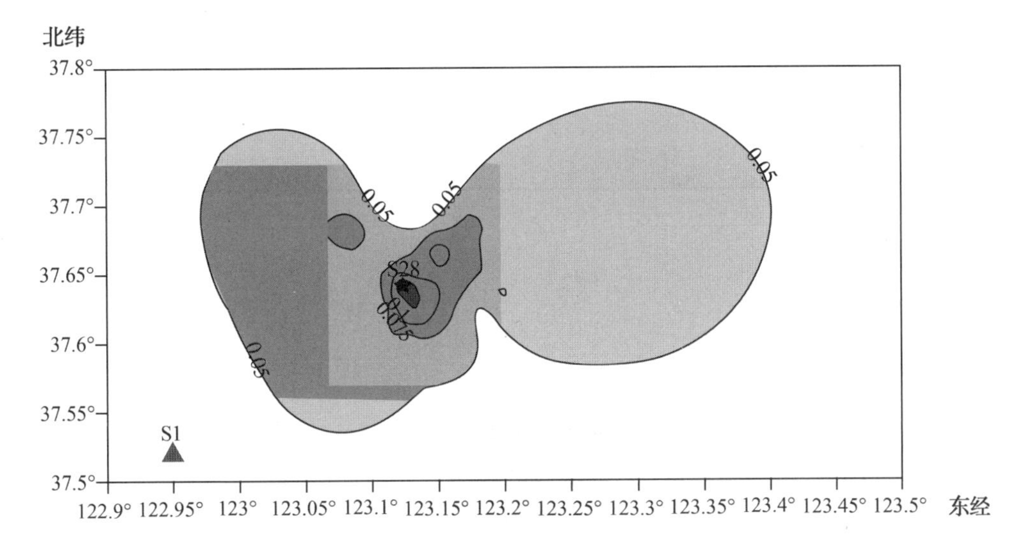

图 3.17　第一次调查表层海水中油类污染的面积

(2)中层海水:溢油海域中层海水污染面积如图 3.18 所示,其中绿色部分为实际调查范围的污染面积,超标(0.05 mg/L)污染面积约为 24.7 km²,超标 0.5 倍(0.075 mg/L)污染面积约为4.52 km²。

蓝色加绿色部分为趋势外推法确定的可能污染面积,超标(0.05 mg/L)污染面积约为 59.6 km²。

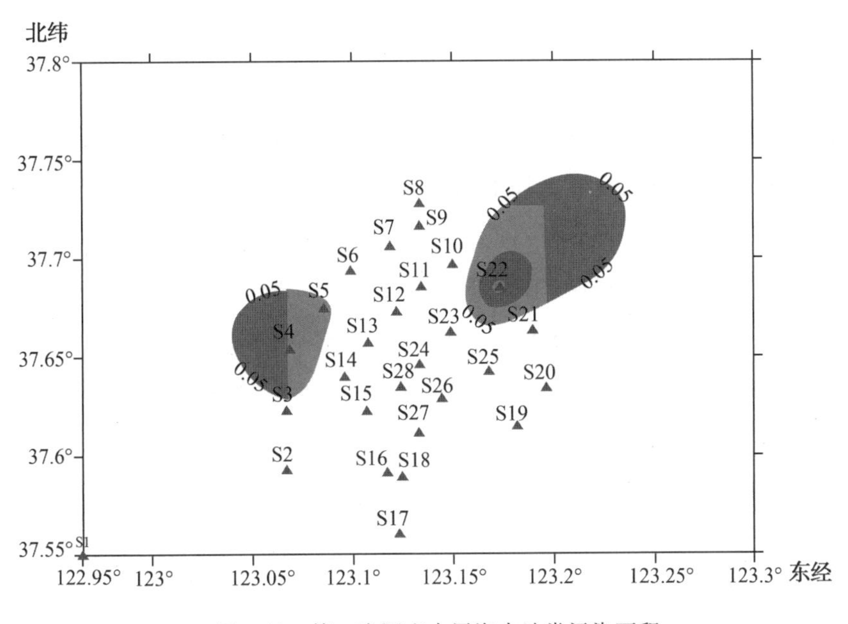

图 3.18　第一次调查中层海水油类污染面积

3.4.3.2 第二次调查海水中油类超标面积

第二次调查海水中油类污染面积如图 3.19 所示。通过计算得到超标(0.05 mg/L)污染面积约为 19.6 km²。

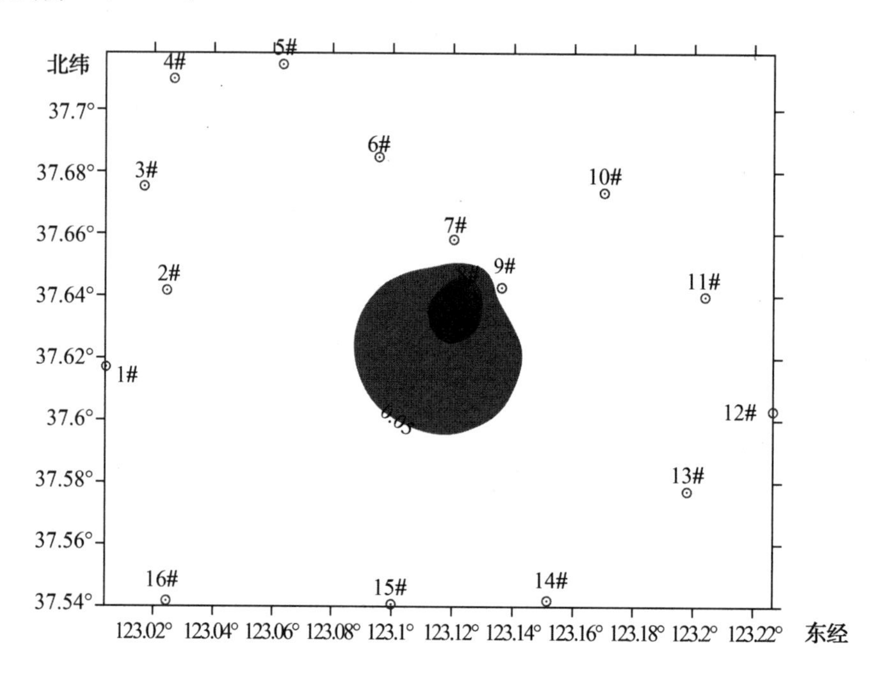

图 3.19 第二次调查表层海水中油类污染面积

3.4.4 鉴定意见

(1)第一次调查表层海水中油类最大超标 2.12 倍,平均值超标 0.39 倍,站位超标率为 78%。中层海水油类最大超标 1.19 倍,站位超标率 11%。底层海水油类不超标,沉积物油类不超标。

(2)第一次调查表层海水时,在调查海域范围内超标(0.05 mg/L)污染面积为 160.0 km²。调查海域(含 S1 点)超标(0.05 mg/L)污染面积为 314.0 km²,超标 0.5 倍(0.075 mg/L)污染面积为 49.4 km²,超标 1.0 倍(0.10 mg/L)污染面积为 10.7 km²。经推断得,影响总面积约为 668.0 km²。

(3)第二次调查表层海水中油类含量时,有一个站位超标,超标 1.01 倍,站位超标率为 6%。

(4)第二次调查时,海域范围内超标(0.05 mg/L)污染面积约为 19.6 km²。

第 4 章　污染事故溯源与示踪

4.1　油指纹鉴别

油指纹鉴别的原理及方法主要参考国家现有标准《海面溢油鉴别系统规范》(GB/T 21247—2007)和海洋出版社 2007 年出版的《油指纹鉴别技术发展及应用一书》。

4.1.1　基本概念

油指纹(fingerprints of oils):在一定实验条件下,油品的特征谱图及数字化后的数据。

海面溢油(spilled oil on the sea):在海面溢漏或漂浮的石油及其炼制品。

重复性条件(repeatability conditions):短期内,同样的人使用同样的仪器、试剂和方法,在同一实验室进行独立实验获得实验数据的条件。

重复性限(repeatability limit,$r_{95\%}$):一个数值 r,在重复性条件下,两次测试结果之差的绝对值不超过此数值的概率为 95%。

轻质燃料油(light fuel oil):汽油、柴油等主要通过蒸馏加工得到、沸点范围较窄的油品。

重质燃料油(heavy fuel oil):以蒸馏残渣为主要原料,或经过混合部分轻质油得到的沸点范围较高、较黏稠的燃料油品,主要用于大型船用发动机。

润滑油 (lubricant oil):用在各类型机械上,主要指减小摩擦、保护机械及加工条件的液体润滑剂,起润滑、冷却、防锈、清洁、密封及缓冲等作用。

生物标志化合物(biomarker):来源于生物体的沉积有机质或矿物燃料(如原油和煤),在有机质演化过程中具有一定的稳定性,基本保持原始组分的碳架特征,没有或较少发生变化,记录了原始生物母质的特殊分子结构信息。

诊断比值(diagnostic ratio):特指油样品中某些特定组分之间的比值,能够表征不同油样各自的化学组成,用于判别两个油样来源是否一致。一般地,诊断比值要具有独特性和差异性,具有地球化学意义,并且基本不受或很少受风化影响。在实际溢油鉴别中,还要根据具体的比较方法的要求进一步筛选诊断比值。通常诊断比值通过定量(如化合物浓度)或半定量数据(如峰面积或者峰高)计算得到。

4.1.2 海面溢油鉴别执行程序

海面溢油鉴别执行程序如图 4.1 所示。

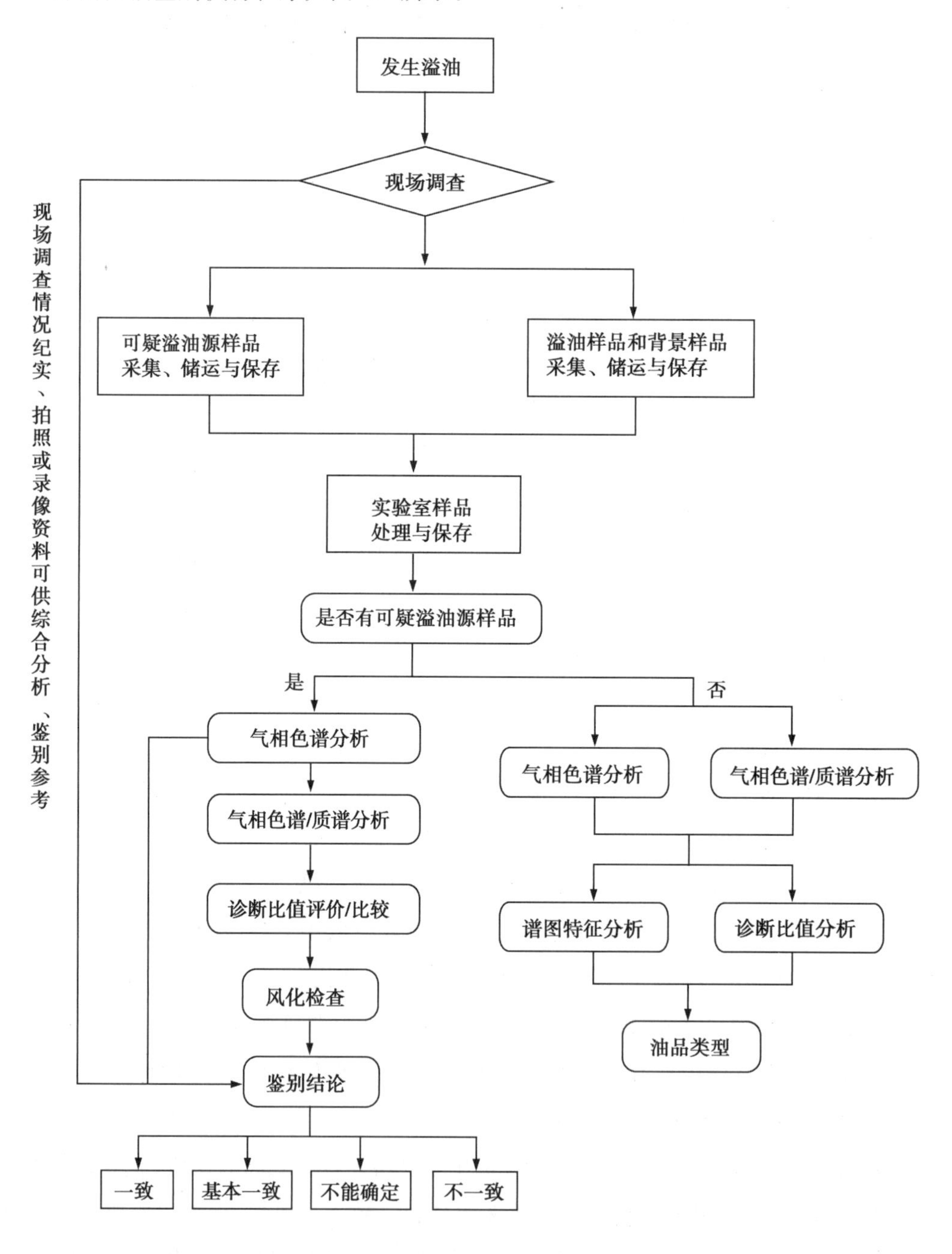

图 4.1 海面溢油鉴别执行程序图

4.1.3 现场调查

4.1.3.1 现场调查要求

现场调查要求如下：

(1)全面了解和分析溢油现场情况。

(2)确定溢油现场范围和可能的溢油漂移路径。

(3)保护溢油现场。

(4)准确划定可疑溢油源范围。

(5)确定采样方案。

(6)现场调查纪实、拍照或录像。

4.1.3.2 现场调查内容及实施

现场调查内容及实施要求如下：

(1)前期准备过程中，现场调查、样品采集、储运与保存各环节的资料和用具应准备齐全。

(2)选择一个或几个清洁、靠近采样地点的现场作业区域。

(3)调查并了解与事故有关的各种情况，如事故发生时间、地点、现场周围情况、知情者、见证人或有关人员，并作详细记录。

(4)调查并了解溢油现场的风向、风力、潮流、气温、水温、降雨等天气情况及变化规律，并作详细记录。

(5)调查并了解现场附近的各种污染源，并记录它们的相对位置。

(6)对有关人员进行调查、询问时应索取书面材料。

(7)现场调查要注意程序规范，要保护现场。

(8)确定采样方案。

4.1.4 样品采集

4.1.4.1 样品采集的要求

(1)样品的防污与容器的清洗：在采样时，应使用一次性手套，采样器也宜为一次性的。如果采样器需重复使用，应清洗干净，并放置在无污染环境中。清洗方法如下：①用温水与洗涤剂混合清洗。②用热水、蒸馏水冲洗。③用分析纯丙酮清洗。④用分析纯的正己烷或二氯甲烷清洗，并烘干备用。

(2)样品量:溢油样品采样量为 10~100 mL,可疑溢油源样品采样量为 50~100 mL。样品量不足时也要采集。

(3)样品数:溢油事故发生后,应对所有存在嫌疑的溢油源立即取样,以便确定责任方。在船上、近岸设施或岸上设施的采样点采样时,每个采样点应至少取一个样品。根据污染范围的大小和溢油的分布,确定采样点的间隔,每个溢油区域至少取两个溢油样品。

(4)样品容器:采样瓶使用 125 mL 的广口棕色玻璃瓶,并统一编号。采样容器在运输过程中必须签封。避免使用塑料容器,若使用应考虑其背景干扰。

(5)样品信息:采样时应当记录如下信息:样品编号,采样日期和时间,采样地点(包括地名描述和经纬度坐标),风速,风向,气温,水温,采样方法,样品状态,被采样人的姓名、地址、电话(采集可疑溢油源样品时),被采样人的签名(采集可疑溢油源样品时),采样时所观察到的特殊环境条件。

4.1.4.2 溢油样品采集

(1)从海面采样:采集海面溢油样品时,应在油层上或污染区域设置多个采样点,应在油层较厚处和较薄处分别采样。采集薄油膜样品时,应注意避免样品受其他油(如润滑油、燃料油等)的污染。如果溢油发生在水中含有油类的海湾、河口、港池等典型人为影响的水域,应采集背景样品。

不同情况的油污采样方法如下:

①对于薄油膜,推荐使用吸油膜采样。若海面油膜较薄,采用吸油膜(乙烯-四氟乙烯共聚物,ETFE)进行采样。将吸油膜剪成约 20 cm×40 cm 的长方形,其中一端用夹子夹住,夹子通过鱼线与鱼竿相连。手持鱼竿使吸油膜与海面接触,当吸油膜上黏附了足够多油污时将鱼竿收起,取下吸油膜,装入样品瓶中。吸油膜采样如图 4.2 所示。

图 4.2 吸油膜采样示意图

②对于具一定厚度的油膜、油污颗粒，推荐使用聚乙烯袋采样。将聚乙烯袋固定于网圈上，从水面捞取油污，海水会从排水孔排出，然后将留在聚乙烯袋中的油污转移到样品瓶中。若无聚乙烯袋，也可用铝箔等材料代替。聚乙烯袋采样法如图 4.3 所示。

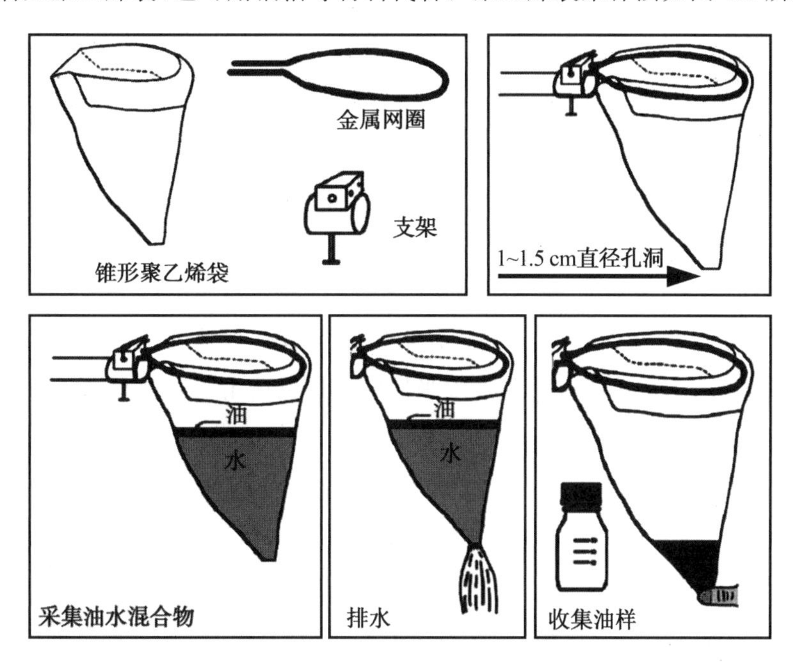

图 4.3　聚乙烯袋采样示意图

③对于漂浮油块，推荐使用抄网采样。若海面存在明显油块，则使用抄网从海面捞取油样。采样完毕后，将网袋卸下，换上新的网袋。采集完油样后，详细记录相关信息，填写采样记录表和样品标签，并在样品瓶上贴上标签。

(2)从岸滩采样：从岸滩采样时，可从现场受污染的物品上采集油样，且油样应被刮下，放入样品瓶中。如果石头、海藻或其他材料上的油污难以刮下，则可将受污染的材料连同油污全部装入瓶中。采样时应当仔细观察岸滩上早期的溢油、焦油球和其他石油来源，以免玷污样品。若有玷污的可能，应采集背景样品。

(3)从有油污的动物身上采样：从有油污的动物身上采样时，应将污油从动物身上刮下来，避免污油与羽毛或皮毛长时间接触。如果上述工作有难度，则可将带有油污的动物皮毛或羽毛剪下，放入样品瓶中，或将被油污染的动物尸体冷冻，作为样品运回实验室。

(4)可疑溢油源样品的采集：

①从船上或其他可疑溢油源采样：从船上或其他油源处采样时，应选择具有一定经验或熟悉船舶结构的人员作为采样人员。采样人员应熟知进入船上封闭空间的有关规

定，有疑问时应及时进行咨询。

采样时，应对船上全部废油舱、渣油柜和机舱污油水进行采样。采样前，应先画出溢油从船上流入水面的路径草图，并据此进行采样。

采样点确定后，可采取下列方法之一进行采样：

a.对双层底以上的油舱采样，可通过阀门直接将油放入采样瓶中或通过其各种管路采样。

b.对污水井采样，可使用采样桶进行采样。

c.从油舱的人孔、测量开口采样。

②从其他油品生产、储运设施采样：采样地点包括移动钻井架、固定或锚泊的产油系统、输油管线、油码头、储油罐、运油车辆等。

对油井、石油平台等采样时，应充分了解其生产状况，包括生产工艺、产量、地质层位等，以确定采样数量和采样方法。从船上采样的方法也适用于对这些设施采样。从油井直接采集的油样可能含有大量水分和气体，且温度较高，须经搅拌、静置使油水、油气分离、冷却，然后再装入样品瓶。

4.1.4.3 样品的运输和保存

(1)采样后，应立即进行封装，对样品箱上锁，存放在低温、避光的环境中，并尽快将样品送往实验室。

(2)样品瓶中应留出足够的膨胀空间，样品瓶和样品箱应使用柔软、吸油的材料进行包装，以防发生事故。

(3)如果样品为水样，可加入1～2 g杀菌剂(如氯化汞)以抑制微生物的降解。

(4)样品运输过程中应一直保持低温、避光。

(5)样品运至实验室后，应存放在冰箱或冷藏库中冷藏，温度保持在3～4 ℃。

(6)只要样品量足够，应留出备份样品，于−15～−10 ℃的环境中冷藏。

4.1.5 气相色谱和气相色谱/质谱分析

4.1.5.1 试剂

试剂为色谱纯试剂，包括正己烷、二氯甲烷等。

4.1.5.2 样品处理

称取油样约0.8 g，溶于正己烷溶液，定容至10 mL。离心后，取上清液40 μL至进样瓶，同时加入960 μL正己烷，混合均匀，上机分析。若样品难以溶解，可加入少量二氯甲烷等极性溶剂。部分油样是由吸油毡吸附采集，或者采集的油样很少，无法称量，这种情况下取适量样品溶于正己烷，进行必要的脱水、离心和净化后直接上机分析。

4.1.5.3　仪器分析

(1)气相色谱分析：正构烷烃、姥鲛烷和植烷采用气相色谱(GC-FID)分析。毛细管色谱柱涂层为 5%苯基、95%二甲基聚硅氧烷，涂层厚度为 0.25 μm，内径为 0.32 mm，长度为 30 m。

分析条件如下：

①载气：高纯氦气，1～2.5 mL/min。

②进样口温度：290～300 ℃。

③检测器温度：300～310 ℃。

④升温程序为：50 ℃保持 2 min，然后以 6 ℃/min 的速度升到 300 ℃，并在 300 ℃保持 16 min。

⑤进样量：1 μL。

⑥进样方式：不分流。

⑦进样时间：1 min。

(2)气相色谱/质谱分析：多环芳烃和甾、萜烷类生物标志化合物均采用气相色谱/质谱(GC/MS)分析。在全扫描方式下扫描质谱图进行组分定性，用选择离子检测(SIM)方式进行各组分的定量测定。毛细管色谱柱涂层为 5%苯基、95%二甲基聚硅氧烷，涂层厚度为 0.25 μm，内径为0.25 mm，长度为 30 m。

分析条件如下：

①载气：高纯氦气，1.0 mL/min。

②进样方式：不分流。

③进样口温度：290 ℃。

④升温程序：在 50 ℃保持 2 min，以 6 ℃/min 的速度升到 300 ℃，保持 27 min。

⑤接口温度：280 ℃。

⑥离子源温度：230 ℃。

⑦检测离子：85，123，191，217，128，142，156，170，184，178，192，206，220，234，184，198，212，226，166，180，194，208，228，242，256，270，216，231 等。

4.1.5.4 定性定量方法

(1)定性方法:

①正构烷烃、姥鲛烷和植烷定性:将样品组分与标准物质的保留时间进行比较定性,或通过正构烷烃分布规律进行推测定性。

②目标多环芳烃、烷基化多环芳烃和二苯并噻吩同系物定性:将样品组分与标准物质保留时间进行比较定性,对于没有标准物质的化合物,可通过计算保留指数,并与文献值比较来帮助定性。

多环芳烃的保留指数 I_X 用下式表示:

$$I_X = 100N + 100 \times \frac{t_{R(X)} - t_{R(N)}}{t_{R(N+1)} - t_{R(N)}} \tag{4.1}$$

式中,$t_{R(X)}$ 为组分 X 的保留时间;N,$N+1$ 为选定的多环芳烃参比物的环数(萘为 2,菲为 3,䓛为 4,苉为 5);$t_{R(N)}$ 为在组分 X 之前流出的多环芳烃参比物保留时间;$t_{R(N+1)}$)为在组分 X 之后流出的多环芳烃参比物保留时间。

③甾、藿烷类生物标志化合物定性:将样品组分与标准物质保留时间进行比较定性,或通过文献中已经确定的甾、藿烷类生物标志化合物分布规律进行推测定性。

(2)定量方法:

①正构烷烃、姥鲛烷和植烷定量:用正构烷烃混合标准溶液进行定量,将氘代正二十四烷($C_{24}H_{50}$)作为内标,计算出各烃组分相对于内标的相对响应因子,从而进行定量。

②目标多环芳烃、烷基化多环芳烃和二苯并噻吩同系物定量:目标多环芳烃、烷基化多环芳烃和二苯并噻吩同系物采用气相色谱/质谱法的 SIM 方式进行定量分析,使用三联苯-D14 作为多环芳烃的内标,各类化合物所用的检测离子分别是:①萘及其烷基化系列:128,142,156,170,184。②菲及其烷基化系列:178,192,206,220,234。③二苯并噻吩及其烷基化系列:184,198,212,226。④芴及其烷基化系列:166,180,194,208。⑤䓛及其烷基化系列:228,242,256,270。

目标多环芳烃采用可信的相应标准化合物的相对响应因子进行定量。多环芳烃的烷基系列采用烷基化的直线基线积分进行定量。尽管多环芳烃的烷基系列可以采用非取代的多环芳烃母体的 RRF(相对影响因子)进行定量,但只要有市售的标准,宜采用多环芳烃自身的 RRF。例如:1-甲基萘、2-甲基萘、2,6-二甲基萘的 RRF 分别用来定量 1-甲基萘、2-甲基萘、C2-萘、C3-萘、C1-菲;2,3,5-三甲基萘、1-甲基菲用来定量C4-萘、C2-菲、C3-菲和 C4-菲。

③甾、藿烷类生物标志化合物定量:选择 1～2 个藿烷类标准,如 17β(H),21α(H)-藿

烷作为标准，17β(H)，21β(H)-藿烷作为内标，计算萜烷类生物标志化合物的平均RRF，以此来定量萜烷类生物标志化合物浓度。选择1～2个甾烷类标准，如24-乙基，5α(H)，14α(H)，17α(H)胆甾烷(20R)作为甾烷标准，5α-雄甾烷作为内标，计算甾烷类生物标志化合物的平均RRF，以此来定量甾烷类生物标志化合物的浓度。

④浓度计算：采用内标法定量，将$C_{24}D_{50}$作为正构烷烃内标，三联苯-D14作为多环芳烃内标，5α-雄甾烷和17β(H)，21β(H)-藿烷作为甾、萜烷类生物标志化合物内标。

内标法定量的计算公式为

$$c=\frac{A_{C_1}\cdot W_{I_1}}{A_{I_1}\cdot \mathrm{RRF}\cdot W_s} \tag{4.2}$$

$$\mathrm{RRF}=\frac{A_{C_0}\cdot W_{I_0}}{A_{I_0}\cdot W_{C_0}} \tag{4.3}$$

式中，c为样品中组分浓度；A_{C_0}为标准中组分峰面积；A_{I_0}为标准中内标峰面积；W_{C_0}为标准中组分量；W_{I_0}为标准中内标量；A_{C_1}为样品中组分峰面积；A_{I_1}为样品中内标峰面积，W_{I_1}为样品中内标量；W_s为样品质量；RRF为相对响应因子。

4.1.5.5　质量控制措施

(1)质谱调谐：质谱调谐对于分析结果有显著影响，每次对仪器有开关机、灯丝更换、离子源维护等重大操作后均应调谐，确认调谐结果各项均满足要求后再进行样品分析。

(2)色谱的分离要求：气相色谱图中，n-C_{17}和姥鲛烷、n-C_{18}和植烷完全分离。m/z 192质量色谱图中，9/4-甲基菲和1-甲基菲完全分离。m/z 217质量色谱图中，低成熟度17α(H)，21β(H)-30升藿烷(22S)和(22R)差向立体异构体对应完全分开；高成熟度样品24-乙基，5α(H)，14β(H)，17β(H)胆甾烷(20S)和(20R)峰高分离度不小于40%。

(3)溶剂分析：在每批次样品分析之前、每两个油品分析之间、每批次样品分析之后，均在仪器中加入特定溶剂，以避免样品间交叉污染，同时每个样品分析前都要检查仪器的空白状态。

(4)参考样品检查：在每一批样品(7～10个)分析过程中，至少分析一次参考样品。每次分析完成后检查参考样品峰响应强度、典型峰分离程度、特征峰比例等是否异常，检查高分子量正构烷烃相对响应强度是否有明显下降。若发现异常，应停止分析，对色谱、质谱系统进行检查维护。

参考样品可选择某个指纹特征具有典型性的样品，包含绝大部分常见油品组分的油样品，或多个样品混合。油样采用正己烷溶解稀释后，用高速离心机离心去除不溶物，在低温下长期保存备用。

4.1.6 溢油样品与可疑溢油源样品之间的鉴别

4.1.6.1 鉴别步骤

(1)第一步:采用气相色谱法(单样分析)对样品(包括溢油样品、可疑溢油源样品和背景样品)进行筛选分析。

①获取溢油样品和可疑溢油源样品的气相色谱谱图和烃的总体分布,获取正构烷烃的分布(以各正构烷烃、姥鲛烷和植烷与 n-C_{25} 的相对峰面积或浓度表示)。

②获取溢油样品和可疑溢油源样品的诊断比值,如 n-C_{17}/Pr、n-C_{18}/Ph、Pr/Ph。

③通过对溢油样品与可疑溢油源样品的气相色谱谱图、烃的总体分布、正构烷烃分布、诊断比值比较,结合背景样品的指纹信息,观察是否有差异。如果没有差异,则继续进行气相色谱/质谱法分析;否则进行风化检查,确定差异是否由风化引起。如果是风化引起或不能确定是否由风化引起,则进行气相色谱/质谱法分析;否则得出“不一致”的鉴别结论。

(2)第二步:采用气相色谱法、气相色谱/质谱法对上述无法筛选的溢油样品和可疑溢油源样品进行正构烷烃、目标多环芳烃和甾、萜烷类生物标志化合物分析(平行样分析)。

①获取溢油样品和可疑溢油源样品的正构烷烃分布(用相对于 n-C_{25} 的相对峰面积或浓度表示)及一系列的诊断比值。

②获取溢油样品和可疑溢油源样品的目标多环芳烃的分布[用相对于 17α(H),21β(H)-藿烷的相对峰面积或浓度表示]及一系列的诊断比值。

③获取溢油样品和可疑溢油源样品的特征(选定的)甾、萜烷类生物标志物分布[用相对 17α(H),21β(H)-藿烷的相对峰面积或浓度表示]及一系列的诊断比值。

④比较溢油样品与可疑溢油源样品特征离子的质量色谱指纹、多环芳烃和甾、萜烷类生物标志化合物的分布是否有差异。如果没有,则进行下一步的诊断比值评价和比较;否则进行风化检查,确定差异是否由风化引起。如果是风化引起或不能确定是否由风化引起,则进行诊断比值评价和比较;否则得出“不一致”的鉴别结论。

(3)第三步:进行风化影响评价、诊断比值评价和诊断比值比较。

①风化影响评价:基于正构烷烃、多环芳烃的风化检查结果进行风化影响评价。

②诊断比值评价:受风化影响小且能准确测量。

③诊断比值比较:基于确定的诊断比值,采用重复性限方法进行溢油样品与可疑溢油源样品的相关性分析。

溢油鉴别流程如图 4.4 所示。

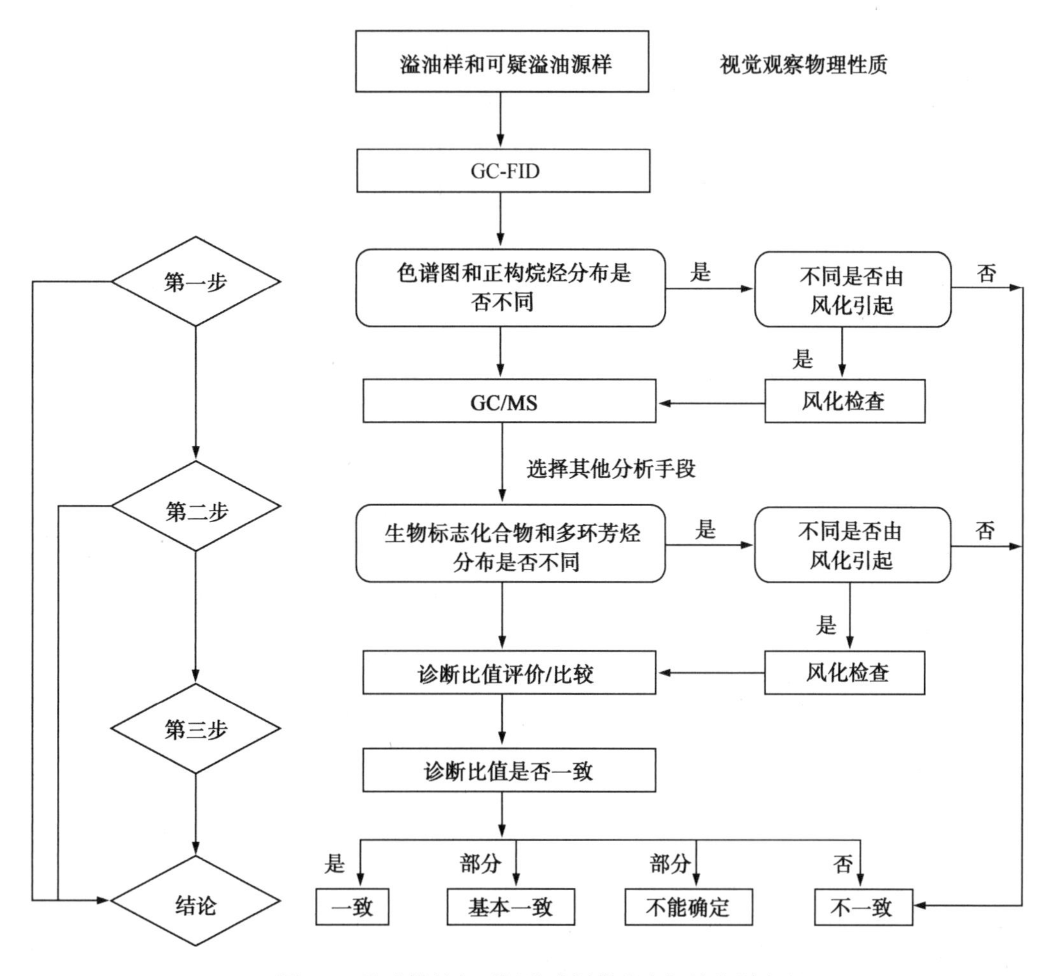

图 4.4　溢油样品与可疑溢油源样品之间的鉴别流程

4.1.6.2　样品的感官检查

描述样品的颜色、气味、黏度、游离水的量和所含杂质等，并进行相关记录。

4.1.6.3　风化检查

(1)正构烷烃的风化检查：正构烷烃是油品中受风化影响最明显的组分，通过风化检查可以判断溢油样品是否风化及其风化程度。

①将溢油样品和可疑溢油源样品的各正构烷烃的浓度或峰面积与相对较难受风化影响的 n-C_{25} 进行归一化处理，并以柱状图表示。

②从正构烷烃分布图上来看，风化的明显表现就是轻质组分的丢失，n-C_{15} 以前的组分峰降低是风化的最好证明。溢油事件发生的前几天里，蒸发是主要的风化过程。

③正构烷烃诊断比值 n-C_{17}/Pr，n-C_{18}/Ph 和 Pr/Ph 在蒸发风化过程中会相对稳定。

④正构烷烃最易受生物降解影响，其降解程度与链长度相关。长度越短，越易降解，并且直链比支链更容易降解。严重的生物降解可导致正构烷烃完全消失。

⑤气相色谱可分辨的饱和烃比不可分辨的复杂饱和烃更易降解，表现为气相色谱可分辨的饱和烃与不可分辨的复杂混合物(UCM)的比例明显降低。

(2)多环芳烃的风化检查：多环芳烃中的部分组分易受风化影响，通过其风化检查可以判断溢油样品的风化程度。

①将溢油样品和可疑油源样品的各多环芳烃的峰面积或峰高与不易受风化影响的17α(H)，21β(H)-藿烷进行归一化处理，并以柱状图表示；如果 17α(H)，21β(H)-藿烷在样品中不存在，也可以用其他难以风化的多环芳烃化合物。

②相对于其他的烷基化多环芳烃系列，萘及其烷基化系列最易受蒸发风化的影响，菲、二苯并噻吩和芴较少受蒸发风化的影响，䓛及其相关烷基化系列化合物难以受蒸发风化影响。

③烷基化多环芳烃系列风化损失均表现出 C_0—>C_1—>C_2—>C_3—的规律。

④在五类烷基化多环芳烃中，烷基化的萘最易生物降解，其后是二苯并噻吩、芴，菲和䓛及其相关烷基化系列化合物受生物降解影响较小。

4.1.6.4 诊断比值确定

确定用于比较的诊断比值，主要综合考虑以下条件：

(1)诊断比值具有独特性和差异性，具有地球化学意义。

(2)诊断比值基本不受或受风化影响较小。

推荐的诊断比值和定义如表 4.1 所示。

表 4.1　诊断比值及其定义

诊断比值	定义
n-C_{17}/Pr	正十七烷/姥鲛烷
n-C_{18}/Ph	正十八烷/植烷
Pr/Ph	姥鲛烷/植烷
C_2-D/C_2-P	C_2-二苯并噻吩/C_2-菲
C_3-D/C_3-P	C_3-二苯并噻吩/C_3-菲
ΣP/ΣD	菲及其烷基化系列总和/二苯并噻吩及其烷基化系列总和
2-MP/1-MP	2-甲基菲/1-甲基菲

续表

诊断比值	定义
4-MD/1-MD	4-甲基二苯并噻吩/1-甲基二苯并噻吩
C_{23}萜/C_{24}萜	13β(H),14α(H)-C_{23}三环萜烷/13β(H),14α(H)-C_{24}三环萜烷
Σ三环萜烷/藿烷	Σ三环萜烷/藿烷(注:可选用样品中浓度较高的几个三环萜烷)
Ts/Tm	18α(H),21β(H)-22,29,30-三降藿烷/17α(H),21β(H)-22,29,30-三降藿烷
C_{29}αβ藿/C_{30}αβ藿	17α(H),21β(H)-30-降藿烷/17α(H),21β(H)-藿烷
C_{30}重排藿烷/藿烷	C_{30}重排藿烷/17α(H),21β(H)-藿烷
奥利烷/藿烷	18α(H)-奥利烷/17α(H),21β(H)-藿烷
莫烷/藿烷	17β(H),21α(H)-莫烷/17α(H),21β(H)-藿烷
伽玛蜡烷/升藿烷	伽玛蜡烷/[22S-17α(H),21β(H)-30-升藿烷+22R-17α(H),21β(H)-30-升藿烷]
C_{27}甾 αββ/(αββ+ααα)	(20R-αββ-胆甾烷+20S-αββ-胆甾烷)/(20R-αββ-胆甾烷+20S-αββ-胆甾烷+20R-ααα-胆甾烷+20S-ααα-胆甾烷)
C_{28}甾 αββ/(αββ+ααα)	(20R-αββ-24-甲基-胆甾烷+20S-αββ-24-甲基-胆甾烷)/(20R-αββ-24-甲基-胆甾烷+20S-αββ-24-甲基-胆甾烷+20R-ααα-24-甲基-胆甾烷+20S-ααα-24-甲基-胆甾烷)
C_{29}甾 αββ/(αββ+ααα)	(20R-αββ-24-乙基-胆甾烷+20S-αββ-24-乙基-胆甾烷)/(20R-αββ-24-乙基-胆甾烷+20S-αββ-24-乙基-胆甾烷+20R-ααα-24-乙基-胆甾烷+20S-ααα-24-乙基-胆甾烷)
C_{29}甾 ααα[S/(S+R)]	20S-ααα-24-乙基-胆甾烷/(20S-ααα-24-乙基-胆甾烷+20R-ααα-24-乙基-胆甾烷)
C_{27}甾 αββ/(C_{27}-C_{29})甾 αββ	(20R-αββ-胆甾烷+20S-αββ-胆甾烷)/(20R-αββ-胆甾烷+20S-αββ-胆甾烷+20R-αββ-24-甲基-胆甾烷+20S-αββ-24-甲基-胆甾烷+20R-αββ-24-乙基-胆甾烷+20S-αββ-24-乙基-胆甾烷)
C_{28}甾 αββ/(C_{27}-C_{29})甾 αββ	(20R-αββ-24-甲基-胆甾烷+20S-αββ-24-甲基-胆甾烷)/(20R-αββ-胆甾烷+20S-αββ-胆甾烷+20R-αββ-24-甲基-胆甾烷+20S-αββ-24-甲基-胆甾烷+20R-αββ-24-乙基-胆甾烷+20S-αββ-24-乙基-胆甾烷)
C_{29}甾 αββ/(C_{27}-C_{29})甾 αββ	(20R-αββ-24-乙基-胆甾烷+20S-αββ-24-乙基-胆甾烷)/(20R-αββ-胆甾烷+20S-αββ-胆甾烷+20R-αββ-24-甲基-胆甾烷+20S-αββ-24-甲基-胆甾烷+20R-αββ-24-乙基-胆甾烷+20S-αββ-24-乙基-胆甾烷)

溢油鉴别过程中，诊断比值应根据实际情况，经过重复性筛选有选择地使用。

4.1.6.5 利用重复性限进行诊断比值比较

(1)比较方法：在重复性条件下，对于同一被测量的两次测量结果之差的绝对值不超过重复性限 r 的概率为95%。由于油样指纹分析满足重复性条件，因此若两个诊断比值之差的绝对值不超过重复性限，则判定两个诊断比值一致。

重复性限为

$$r_{95\%} = 2\sqrt{2}s_r = 2.8\,s_r \tag{4.4}$$

式中，$r_{95\%}$ 为重复性限；s_r 为重复性标准差。

取相对标准偏差为5%，以样本均值代替总体均值，则有

$$r_{95\%} = 2.8 \times \bar{x} \times 5\% = \bar{x} \times 14\% \tag{4.5}$$

式中，$r_{95\%}$ 为重复性限；$\bar{x}$ 为样本均值。

若两个诊断比值之差的绝对值小于 $r_{95\%}$，则认为二者一致。

(2)诊断比值评价：对溢油样品和可疑溢油源样品分析平行样，若样品不均一，则对不均一的样品取两份以上作为不同样品进行分析。对气相色谱图或质量色谱图进行积分，求得浓度或峰面积和相应诊断比值。为保证数值的准确性，舍去信噪比小于3的峰面积，然后对平行样中每一对诊断比值之差的绝对值与重复性限的大小进行比较。如果大峰诊断比值之差的绝对值大于重复性限，则检查分析方法、进样浓度等，重新进行分析；如果小峰诊断比值之差的绝对值大于重复性限，则将该比值舍去，将差值小于重复性限的诊断比值用于样品间的比较。

(3)诊断比值比较：求出经过选择的各样品平行样的诊断比值的平均值，比较样品间平均值绝对差值与重复性限的大小。若多个比值间的差值超过重复性限，或某个比值远远超出重复性限，则认为两油样指纹不一致，或者结合其他信息判定为可能一致或无法得出结论。若全部比值间的差值小于重复性限，则认为两油样指纹一致。若仅有个别比值间的差值略大于重复性限，也认为两油样指纹一致。

诊断比值评价和比较过程如图4.5所示。

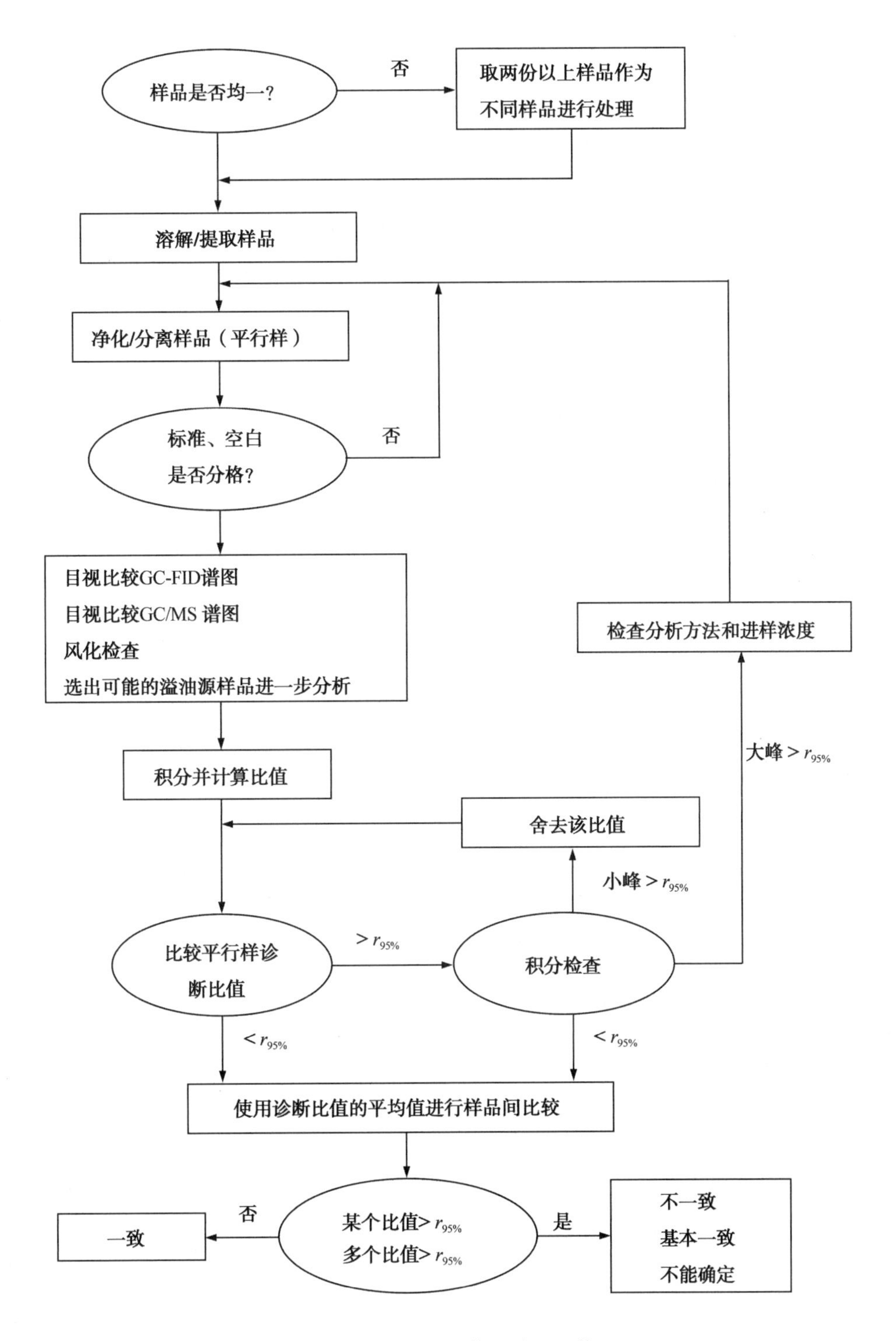

图 4.5　诊断比值评价和比较

4.1.6.6 鉴别结论

(1)一致:溢油样品与可疑溢油源样品的原始指纹(包括气相色谱图、质量色谱图),正构烷烃、姥鲛烷、植烷、多环芳烃和甾、萜烷类生物标志化合物的分布实质上是一致的,部分差异是由于风化或分析误差引起的;所确定的诊断比值之差的绝对值均小于相应的重复性限或仅有个别诊断比值之差的绝对值略高于相应的重复性限;风化百分比图形分布符合蒸发曲线,若有偏离点也可根据风化规律解释。

(2)基本一致:溢油样品与可疑溢油源样品的原始指纹(包括气相色谱图、质量色谱图),正构烷烃、姥鲛烷、植烷、多环芳烃和甾、萜烷类生物标志化合物的分布略有差异,差异或者来自风化(如低分子量化合物的损失和蜡重排:蜡析或蜡富集),或者来源于特定的污染;有个别诊断比值之差的绝对值明显高于相应的重复性限,或有多个略高于相应的重复性限;风化百分比图形分布基本符合蒸发曲线,偏离点大多可根据风化规律解释。

(3)不能确定:溢油样品与可疑溢油源样品的正构烷烃、姥鲛烷、植烷、多环芳烃和甾、萜烷类生物标志化合物的分布在一定程度上相似,但差异较大,而且无法判断差异是由于严重风化所致,还是实际情况就是两种不同的油。

(4)不一致:溢油样品与可疑溢油源样品的正构烷烃、姥鲛烷、植烷、多环芳烃和甾、萜烷类生物标志化合物的分布差异明显,并且差异不是由于风化引起。

4.2 海洋沉积物物源分析

海洋沉积物物源分析主要用于海洋工程,如航道疏浚、码头建设、填海工程等对海洋沉积环境影响的溯源鉴定等。

4.2.1 基本原理

海洋沉积物是指各种海洋沉积作用所形成的海底沉积物的总称,是以海水为介质沉积在海底的物质。沉积作用一般可以分为物理的、化学的和生物的三种不同过程,由于这些过程往往不是孤立地进行,所以沉积物可视为综合作用产生的地质体。

海洋按海水深度及海底地形可划分为滨海区、浅海区、陆坡区及深海区。滨海沉积物主要由卵石、圆砾和砂石等组成,具有基本水平或缓倾斜的层理构造,在砂层中常有波浪作用留下的痕迹。作为地基,其承载力强,但透水性较大。浅海沉积物主要由细粒砂土、黏性土、淤泥和生物化学沉积物(硅质和石灰质)组成。离海岸越远,沉积物的颗粒越小。浅海沉积物具有层理构造,比滨海沉积物更疏松,含水量高,压缩性大,但强度低。

陆坡和深海沉积物主要是有机质软泥，成分均匀。

沉积物物源分析是沉积盆地分析的重要内容，主要研究物源区的方位、侵蚀区与沉积物母岩区的位置、母岩的性质、沉积物的搬运距离、搬运路径，了解物源区的气候条件、大地构造背景、重建古地理面貌等，是确定沉积盆地体系的基础，是岩石学的重要内容，是石油勘探与开发的前提。

4.2.2 分析鉴定方法

4.2.2.1 阴极发光法

由于成岩环境不同，来自不同地区的石英在阴极射线下呈现不同的发光特征，因此可以利用石英的阴极发光特征来推测物源区的母岩类型、沉积物的搬运方向及分布。其中，高温岩浆岩中的石英多发蓝色、红色光，含有一定量钛（Ti）元素，温度高于 573 ℃；深变质岩的石英多发蓝紫色光，浅变质岩的石英多发棕色光；沉积岩的石英不发光；自生石英有时也发出与棕红色碎屑石英相似的光。

4.2.2.2 地球化学分析法

目前，沉积物的地球化学特征在物源分析方面是最有前景的技术手段之一，在物源及沉积背景分析中具有非常重要的意义。

（1）常量元素分析：黏土及粉砂粒级全岩样能反映沉积物源区的物质组成特征，如 $MgO/(Al_2O_3 \times 100)$ 可以指示各种环境中陆源组分和海洋组分的比例；K_2O/Al_2O_3 可以确定细碎屑岩物源区组分。同时，也可以利用砂岩中的化学成分分析物源区的大地构造背景。

（2）稀土元素-微量元素分析：细粒沉积物中的微量元素和稀土元素目前被广泛应用于沉积物物源区的确定。砂岩中的微量元素，尤其是 La、Th、Y、Zr、Co 等元素对于研究物源区和判别构造环境的作用很大。稀土元素的化学性质比较相近，溶解度低，能够快速进入细粒沉积物中而不发生分异，从而使细粒沉积物保留了沉积物源区的地球化学信息。

（3）同位素法：用于物源分析的同位素主要有 K-Ar、$^{40}Ar/^{39}Ar$、Rb-Sr、Sm-Nd、U-Pb、Re-Os。同位素分析主要是确定物源年龄，是一种精确的年代学物源判定方法，可以反映物源区的构造背景、性质及其多样性。例如，Sm-Nd 同位素稳定性较强，多用来示踪物源区；U-Pb 同位素则在山脉隆升剥蚀变化等研究上比较可靠。

（4）裂变径迹法：磷灰石、锆石中的微量铀杂质裂变时，在晶格中造成的辐射损伤可在经过化学处理后形成径迹。通过对裂变径迹的密度、长度等分布的统计，可以提取与物源区有关的信息。裂变径迹法经常被用于鉴定与沉积物有关的地层年龄、地壳隆升、埋藏时间、成岩史等。

4.2.2.3 测井方法

测井曲线可以综合反映地层中的多种信息,包括沉积环境的变化和物源性质等,而分形维数理论可以抽象地表达测井曲线信息。来自同一物源的沉积物在测井纵向上的变化有一定的规律性和相似性,不同物源的沉积物表现出较大的差异性,通过测井方法可以定量分析这种相似性和差异性。

4.2.2.4 利用砂岩碎屑岩组分判断物源

陆源碎屑岩的主要岩石类型是砂岩,碎屑物质为母岩破碎的产物,是反映物质来源的重要标志。物源分析时,人们主要利用石英、长石和岩屑的成分比例来判别物源。石英所占的比例越高,表示砂岩的成分成熟度越高,随沉积物搬运的距离越远;长石和岩屑容易被风化溶蚀,随着搬运距离的增加,含量相对减少。此外,砂岩的厚度和百分含量的平面分布对物源分析也有一定的指示作用,砂岩厚度越大、百分含量越高的地区,离物源区越近。

4.2.2.5 利用其他碎屑岩类判断物源

(1) 砾岩:利用砾岩中砾石的成分、砾径的变化可以确定沉积物物源。砾石中的成分、含量、粒径大小及百分比、砾石的分选磨圆等都可以作为物源分析的重要辅助证据。

(2)泥岩:泥岩中的石英颗粒可以确定沉积物到海岸的距离,泥沙组分中的多晶石英特征可指示片麻岩物源,长石含量和成分可以确定花岗岩物源,角闪岩含量和中性斜长石可以确定闪岩物源。另外,利用泥岩的颜色可以分析渤海湾盆地黄河口凹陷局部地区的物源。泥岩的颜色可以指示沉积环境的氧化-还原条件,这通常与沉积物处于的水体深度有关。泥岩为红色或棕色代表的是氧化环境,灰绿色代表的是弱还原环境,黑色或深灰色代表的是强还原环境。

4.2.2.6 重矿物法

因重矿物具有耐风化、稳定性强的特点,可以保留重要的母岩信息,因此重矿物法是目前最常用的一种物源分析方法。

(1)单矿物法:常用的单矿物颗粒有角闪石、十字石、金红石、电气石、绿帘石、石榴石、锆石、橄榄石、辉石等。通过电子探针可以测定重矿物的含量及其化学组分、光学特性等。利用单矿物颗粒的特定化学组分可以分析出沉积物的来源。

(2)重矿物组合法:矿物之间的共生关系可以作为物源分析的“指示剂”。不同的重矿物可看作是不同类型的岩体风化、搬运和沉积作用的残存物,不同的矿物组合可以代表特定的母岩来源。尤其是在矿物种类多而且受控因素复杂的地区,重矿物比较法比较有效。目前,将一些数学方法(如聚类分析法、因子提取分析法、趋势面分析法等)引入重矿物组合中,取得了更准确的效果,更好地反映了物源信息。

(3)ZTR 指数和稳定系数法:ZTR 指数是指重矿物中三种最稳定矿物(锆石、电气石、金红石)含量占透明重矿物总含量的百分比,可表示重矿物的成熟度。稳定系数则是稳定型重矿物相对含量与不稳定型重矿物相对含量的比值。离物源区越远,ZTR 指数和稳定系数越大,因此可以通过这两个指数确定物源方向和搬运距离。

第5章　海洋生态损害司法鉴定

5.1　海洋生态系统基础知识

5.1.1　海洋生态系统的概念

海洋生态系统是指在海洋中由生物群落及其环境相互作用所构成的自然系统。整个海洋是一个大生态系统，包括很多不同等级或水平的海洋生态系统。每个海洋生态系统都占据一定的空间，包含相互作用的生物和非生物组分，通过物质循环和能量流动构成具有一定结构和功能的统一体。

海洋生态系统的物质循环和能量流动都是一个动态的过程，在无外界干扰的情况下，就会达到一个动态平衡状态。因此，过度地开采与捕捞海洋生物，就会导致一个环节中生物数量的减少，这也必然会导致下一个相连环节中生物数量减少。在环环相扣的食物链上，一个环节的破坏会导致整个食物链乃至整个海洋生态系统平衡的破坏，如此必然会影响捕捞量。近年来，由于对鱼虾等水产品的过度捕捞，破坏力超过了生物的繁殖力，使鱼虾等难以大量生存繁殖，这也是每年休渔的原因之一。海洋污染是海洋生态系统平衡失调的"罪魁祸首"。海洋被污染时，首先受到危害的就是海洋动植物，而最终受损的还是人类自身。

5.1.2　海洋生态系统的组成

海洋生态系统由海洋生物群落和海洋环境两大部分组成，每一部分又包含众多要素。这些要素主要有六类：

(1)自养生物。自养生物为生产者，主要是具有叶绿素的、能进行光合作用的植物，包括浮游藻类、底栖藻类和海洋种子植物，还有能进行光合作用的细菌。

(2)异养生物。异养生物为消费者,包括各类海洋动物。

(3)分解者,包括海洋细菌和海洋真菌。

(4)有机碎屑物质,包括生物死亡后分解成的有机碎屑和陆地输入的有机碎屑等,以及大量溶解的有机物和其聚集物。

(5)参加物质循环的无机物质,如碳、氮、硫、磷、水等。

(6)水文物理状况,如温度、海流等。

5.1.3　海洋生态系统的类型

海洋生态系统的划分比陆地生态系统的划分要困难得多。陆地生态系统的划分主要是以生物群落为基础,而海洋生物群落之间的相互依赖性和流动性很大,缺乏明显的分界线。但是,海洋环境有不同的分区,各分区也都有各自的特点。

(1)典型海洋生态系统(marine ecosystem)主要包括海岸滨海、河口、湿地、海岛、红树林、珊瑚礁、上升流以及大洋区等生态系统。它们既赋存天然的生态价值,也具有不同的社会服务功能。

(2)河口生态系统是指由河口水体中各类生物及河口环境组成的生态系统。河口是河流与受水体的结合地段,受水体可能是海洋、湖泊,甚至更大的河流,但这里的河口生态系统仅指入海河口生态系统。海湾是被陆地环绕且面积不小于以口门宽度为直径的半圆水域。除规定水域外,还包括水域周围一定范围的陆域部分,可视为由海水、水盆、周边和空域共同组成的综合地貌体。

(3)湿地生态系统属于水域生态系统,其生物群落由水生和陆生种类组成,物质循环、能量流动及物种的迁移与演变比较活跃,具有较高的生态多样性、物种多样性和生物生产力。

(4)海岛生态系统是生物栖息地为海岛的一类特殊生态系统,它既不同于一般的陆地生态系统,又不同于以海水为基质的一般的海洋生态系统。海岛的地理隔离特点,使得它具有物种组成上的特殊性,即物种存活数目与所占据的面积之间具有特定的关系。在无人类干扰的情况下,岛屿内物种总数基本保持稳定。

(5)红树林生态系统一般包括红树林、滩涂和基围鱼塘三部分,一般由藻类、红树植物和半红树植物、伴生植物、动物、微生物等生物因子以及阳光、水分、土壤等非生物因子所构成。

(6)珊瑚礁生态系统是热带、亚热带海洋中由造礁珊瑚的石灰质遗骸和石灰质藻类堆积而成的礁石及其生物群落形成的整体,是全球初级生产量最高的生态系统之一。

(7)上升流生态系统是在上升流海域由特定的生物及周围的环境构成的,食物链较短、生产力很高的生态系统。

5.1.4 海洋生态系统服务

海洋生态系统服务是指海洋生态系统及其物种所提供的能满足和维持人类生活需要的条件和过程，是指通过海洋生态系统直接或间接提供的产品和服务。

5.1.4.1 海洋生态系统服务的分类

海洋生态系统服务的功能主要包括供给功能、调节功能、文化功能、支持功能，具体如图 5.1 所示。

(1)供给功能:供给功能是海洋生态系统服务的最基本的功能，指海洋生态系统通过为人类提供产品、原材料等，来满足和维持人类物质需要的功能，主要包括食品生产、原材料生产和提供基因资源等。

(2)调节功能:调节功能指人类从海洋生态系统的调节过程中获得服务及效益的功能，主要包括气候调节、大气调节、废弃物处理、生物控制和干扰调节等。

(3)文化功能:文化功能指通过精神满足、发展认知、思考、消遣和体验美感而使人类从海洋生态系统中获得非物质收益的功能，主要包括精神文化服务、知识扩展服务和旅游娱乐服务等。

(4)支持功能:支持功能指为其他生态系统服务的产生而提供所必需的基础的服务，包括营养物质循环、生物多样性维持和生境提供等。

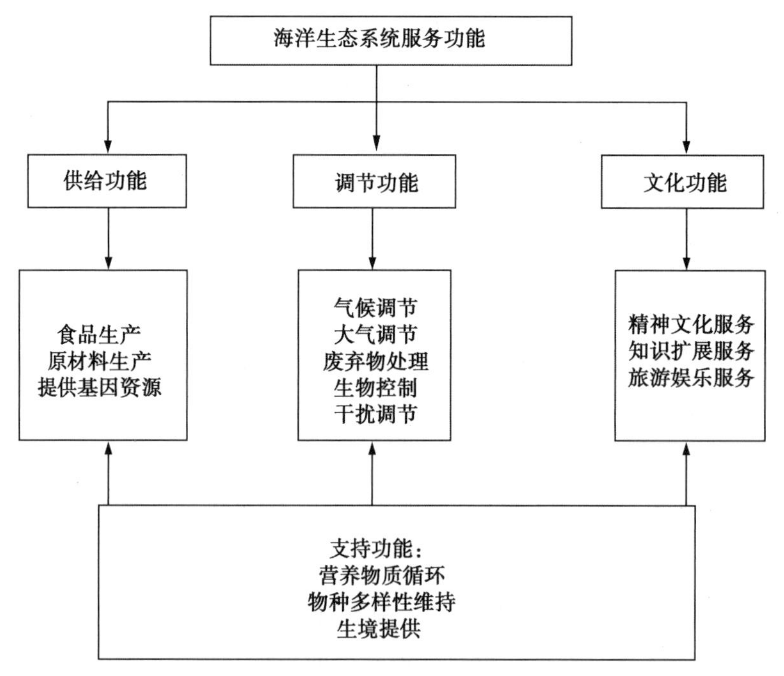

图 5.1 海洋生态系统服务的功能

5.1.4.2 海洋生态系统服务的特点

海洋生态系统服务具有客观存在性、多面性、不可替代性和认识的阶段性等一般生态系统服务的特点。除此之外，海洋生态系统还具有明显的异地实现性和开放性。

海洋生态系统服务的异地实现性显著。由于海洋生态系统的连续性和流动性，导致海洋生态系统服务经常不在本地实现。例如，海洋生态系统的气候调节功能经常是在全球尺度上得以实现的。同时，海洋生态系统内的生物也可以在更大范围内游动和迁移，这也使得海洋生态系统服务表现出明显的异地实现性。以海洋食品生产功能的异地实现性为例，由于鱼虾类产卵场所与被捕获场所通常是分离的，所以经常表现为鱼虾在甲地出生，却在乙地被捕获，从而使属于甲地生态系统的服务在乙地得以实现。海洋生态系统服务的这种异地实现性、空间分离的特点，常常会让人们错误地认为海洋生态系统提供的服务是无限的，从而造成对海洋生态系统服务的滥用，也使得对服务源头的保护和修复难以进行。

海洋生态系统服务的开放性明显。连续的海洋和漫长的海岸线使人们可以更为容易地进入海洋生态系统。同时，海洋的边界属性不明显。在历史上，海洋的所有权从来没有像陆地那样明确和界线分明，这就造成人人都可以无阻碍地进入海洋，使得海洋生态系统服务被滥用。海洋生态系统的物质产出功能被极度摄取，环境净化功能被超容量使用，使得服务的载体——海洋生态系统遭受了巨大损伤。同时，海洋生态系统服务的开放性也造成人人都想最大限度地享用服务，而不愿为保护和修复海洋生态系统服务作贡献。开放性也使得海洋生态系统比陆地更难以管理和限制进入，从而影响了对服务的保护与修复工作。海洋生态系统的开放性还造成了人类对其服务使用的非排他性（一个人享用海洋生态系统服务，并不排斥其他人也享用）与非竞争性（一个人对一种物品的消费并不妨碍其他人对该物品的消费）。

5.1.4.3 海洋生态系统服务丧失的后果

海洋生态系统服务的过度利用将使海洋生态系统服务不能得以维持和持续供应。对人类而言，海洋生态系统服务丧失所造成的最为显著的结果有两个：一是自然灾害发生频率增加，二是海洋环境恶化。如果海洋生态系统中的某些生物组分或生态学过程发生变化，那么海洋生态系统的这些服务也会发生相应的变化（减弱或加强）。一项服务的丧失可能会影响生态系统的整体服务，进而直接或间接影响人类的生存环境、生活质量以及赖以维持的经济社会。但有时人们并没有明显感觉到服务的丧失，因为这些变化是需要较长时间的。

海洋生态系统服务的衰减与丧失所产生的影响不同。服务衰减并不一定对人类造成危害(或是在一定程度上造成危害),比如人类为满足生存需求而将部分海域改为养鱼池,其服务由多种变为单一,服务种类减少了,但却满足了人类的最基本需求。人类对于海洋生态系统服务的需求总是趋向于满足其基本的生理要求、物质要求等方面,而对于其他服务的需求则是次要的。另外,有一些具有明显的负效应,也有一些海洋生态系统服务的衰减增加了物种的稀缺性,进而增加了商品的单位价值。例如,由于人类对海洋鱼类的过度捕捞,造成海洋鱼类种类和数量急剧减少,这不仅影响了渔业生产和经济发展,也影响了人们对野生海产品的摄取。海洋鱼类的减少使得鱼类所携带和保存的基因资源受到损害,影响了鱼类对下层营养级生物(如浮游动物或植食鱼类)的生物控制,也减少了对上层营养级的输出。但鱼类(特别是观赏性强的鱼类)种类和数量的减少提升了它们的稀缺性和观赏价值,使得人们只有在水族馆中才能看到它们。

有的海洋生态系统服务的丧失可以直接观察到,而有的是观察不到的,其负效应可以在空间与时间上进行转移,称为"服务的负外部性转移"。表现在时间上,海洋生态系统服务的丧失会产生代际不公问题,即人们的行为影响了子孙后代对服务的享用。表现在空间上,海洋生态系统服务的丧失会产生区域不公问题,如甲地对鱼虾产卵场的破坏影响了乙地对海产品的享用。一项海洋生态系统服务的衰减或丧失,将会影响海洋生态系统其他服务的质量或数量,并将进一步影响海洋生态系统的整体服务。但由于海洋中生物的种类和数量具有极大的丰富性,当一种功能减弱或丧失后,可能会有其他种类的生物立即产生替代功能,从而维持海洋生态系统服务的相对稳定。但在这方面还没有进行相关研究,海洋生物之间的替代关系难以确定,服务之间的影响关系也需要进一步研究。另外,海洋生态系统服务衰减或丧失对人类社会经济的影响也是值得关注的问题之一。

总体上来说,海洋生态系统服务的衰减或丧失都能直接或间接影响人类健康和生活质量,进而影响人类社会的经济发展与持续性。

5.2 海洋生态损害司法鉴定范围

5.2.1 海洋生态损害的概念

海洋生态损害是指人类活动直接或间接改变海域自然条件,或者向海域排入污染物质、能量,对海洋生态系统及其生物因子、非生物因子造成有害影响的事件。海洋生态损害事件包括海洋开发利用活动和海洋环境突发事件两种类型。海洋环境突发事件主要包括溢油、危险化学品泄漏及其他污染物排放。

海洋生态损害司法鉴定指鉴定评估机构按照规定的程序和方法,综合运用科学技术和专业知识,调查污染海洋环境、破坏海洋生态的行为以及海洋生态环境损害情况,分析污染海洋环境或破坏生态行为与海洋生态环境损害之间的因果关系，评估污染环境或破坏生态行为所导致的海洋生态环境损害的范围和程度，确定生态环境恢复至基线期间及补偿期间的措施，量化海洋生态环境损害数额的过程。

根据司法部、生态环境部印发的《环境损害司法鉴定执业分类规定》，与海洋生态环境损害相关的鉴定事项主要有以下两项：

(1)近岸海洋与海岸带环境损害鉴定中的污染环境行为致近岸海洋与海岸带生态系统损害鉴定，包括确定近岸海洋、海岸带和海岛生态系统功能(如珊瑚礁、海草床、滨海滩涂、盐沼地、红树林等)，识别濒危物种、优势物种、特有物种、指示物种等，确定近岸海洋、海岸带和海岛生态系统损害评价指标与基线水平，确认近岸海洋、海岸带和海岛生态系统与基线相比是否受到损害，确定近岸海洋、海岸带和海岛生态系统损害的时空范围和程度，判定污染环境行为与近岸海洋、海岸带和海岛生态系统损害之间的因果关系，制定近岸海洋、海岸带和海岛生态系统恢复方案建议，评估近岸海洋、海岸带和海岛生态系统损害数额，评估恢复效果等。

(2)生态系统环境损害鉴定中的生态破坏行为致海洋生态系统损害鉴定，包括确定海洋类型与保护级别，确定海洋生态系统损害评价指标和基线水平，确定海洋生态系统损害的时间、类型(如海洋生物、渔业资源、珍稀物种、珊瑚礁及成礁生物、矿产资源、栖息地等损害)、范围和程度，判定过度捕捞、围填海、工程建设、外来种引入等生态破坏行为与海洋生态系统损害之间的因果关系，制定海洋生态系统恢复方案建议，评估海洋生态系统损害数额，评估恢复效果等。

5.2.2　海洋生态损害鉴定的内容

5.2.2.1　生态服务功能损害鉴定

海洋生态系统服务功能损失计算公式为

$$\mathrm{HY}_i = \mathrm{hy}_{di} \times S \times r \times t \tag{5.1}$$

式中，HY_i 为第 i 类区域海洋生态系统类型海洋生态系统服务功能损失(元)；hy_{di} 为第 i 类区域的海洋生态价值(元·hm^{-2}·a^{-1})；S 为溢油对第 i 类区域海洋生态系统的影响面积(hm^2)；r 为海洋生态功能损害系数，即污染损害对海洋生态系统的影响程度；t 为损害期限(a)。

表 5.1 为不同类型海洋生态系统的平均公益价值。

表 5.1 不同类型海洋生态系统的平均公益价值

功能类型	生态系统类型					
	河口和海湾	海草床	珊瑚礁	大陆架	岸滩	红树林
价值/(元·hm^{-2}·a^{-1})	182 950	155 832	47 962	12 644	119 138	78 097

5.2.2.2 环境容量损失鉴定

采用影子工程法计算海洋环境容量损失的公式为

$$HY_c = W_q \times W_c \tag{5.2}$$

式中，HY_c为海洋环境容量损失；W_q为污水处理费，即污染源发生地或影响区域所在地的地市级以上城市的该类污水处理费用(元/m^3)；W_c为污染损害水体体积，即污染影响海域海水中污染物浓度超出其所在海洋功能区水质标准要求的水体体积(m^3)。

损害水体体积的计算公式为

$$W_c = hy_a \times d \tag{5.3}$$

式中，hy_a为受污染影响的海水面积(m^2)；d 为受污染影响的海水深度(m)。

5.2.2.3 修复方案评估

针对海洋生态修复目标制定的海洋生态修复方案在技术上应该是可行的，能够促进受损海洋生态的有效恢复，修复的效果也应该能够被验证。海洋生态修复方案应包括生态修复的项目概况、目标、范围、修复内容、总体布局、项目投资概算、实施周期与进度安排、预期修复成效、跟踪监测与竣工验收要求等。

海洋生态修复的费用按照下式计算

$$F = F_G + F_S + F_T + F_Q \tag{5.4}$$

式中，F 为海洋生态修复总费用(万元)；F_G为工程费用(万元)，包括水体、沉积物等生境重建所需的直接工程费(万元)；F_S为设备及所需补充生物物种等材料的购置费用(万元)；F_T为替代工程建设所需的土地(海域)的购置费用(万元)；F_Q为其他修复费用(万元)，包括调查、制定工程方案、跟踪监测、恢复效果评估等所需费用。

5.3 海洋生态损害司法鉴定方法和流程

海洋生态损害鉴定评估主要依据国家标准《海洋生态损害评估技术导则　第1部分：总则》(GB/T 34546.1—2017)中的程序和方法来进行。

5.3.1 评估程序

海洋生态损害评估工作可分为准备阶段、调查阶段、分析评估阶段和报告编制阶段。

5.3.1.1 准备阶段

准备阶段的工作如下：搜集海洋生态损害事件发生海域的背景资料，开展现场踏勘；分析海洋生态损害事件的基本情况和生态损害特征，确定海洋生态损害评估的内容；初步甄别出主要生态损害评估因子、生态敏感目标，确定海洋生态损害评估的调查范围和评估方法；编制海洋生态损害评估工作方案，明确下一阶段的主要工作内容。

(1)第一步，搜集资料。准备阶段需要搜集的资料应包括：①海洋生态损害事件发生的地理位置、时间、损害方式。②海洋生态损害事件的类型、性质和影响范围。③生态敏感目标分布情况。④海洋生态环境资料，包括水文气象、海洋地形地貌、海水水质、沉积物环境质量、海洋生物与生态等背景资料。⑤海洋资源及其开发现状。⑥海域利用方式、范围和面积、占用的海岸线和滩涂。⑦海洋生态损害事件发生后采取的措施和控制情况，以及有关部门和单位对海洋生态损害事件已进行的调查取证的资料。⑧其他与海洋生态损害事件及评估工作相关的资料。

(2)第二步，筛选甄别。搜集的资料应注明资料来源和时间，使用的资料应经过筛选和甄别，监测与调查的资料应来自具备相应资质的单位，实施过程应按照 GB/T 17378.2—2007 和 GB/T 12763.7—2007 中规定的资料处理方法和要求进行。

(3)第三步，评估工作方案。评估工作方案包括：①评估工作的目的。②评估工作的时间与人员安排。③海洋生态损害调查方案与调查内容。④海洋生态损害评估工作的范围、评估因子、评估方法。⑤海洋生态损害评估工作的其他内容。

5.3.1.2 调查阶段

根据海洋生态损害评估工作方案，组织开展海洋生态损害事件发生海域的生态状况和海洋生态损害评估工作相关区域的社会经济状况的调查。调查海洋生态损害评估工作所需的社会经济资料应包括：

(1)受影响海域开发利用与经济活动的资料。

(2)商品化的海洋生物资源的市场价格。

(3)受影响海域已开展或已完成的生态建设、生态修复工程建设的投资费用。

(4)受影响海域环境基础设施建设工程的规划方案与投资费用。

5.3.1.3 分析评估阶段

整理、分析受影响海域的背景资料，分别筛选用于海洋生态损害评估的水质、沉积物、生物等生态要素的背景值，对比海洋生态损害事件发生前后各生态要素变化状况，确定海洋生态损害事件的损害范围、对象和程度，编制海洋生态修复方案，开展海洋生态损害的价值评估。

5.3.2 海洋生态状况与社会经济状况调查

调查内容主要包括以下几个方面。

(1)海洋开发利用活动的生态调查:海洋开发利用活动的生态调查应按照《海洋工程环境影响评价技术导则》(GB/T 19485—2004)的规定执行。不同类型海洋开发利用活动的生态调查重点如表5.2所示。

表5.2 不同类型海洋开发利用活动的生态调查重点

行为类型		调查重点				
		水质环境	沉积物环境	生态和生物资源环境	地形地貌与冲淤环境	水文动力环境
海洋开发利用活动	填海造地用海(建设填海造地、农业填海造地、废弃物处置填海造地、人工岛式油气开采、非透水构筑物)	★	★	★	★	★
	透水构筑物用海(跨海桥梁、海底隧道、平台式油气开采)	★	★	★	◐	◐
	围海用海	★	★	★	☆	★
	开放式用海(海砂等矿产开采、倾倒区、取/排水口、专用航道、锚地、海底电缆管道、污水达标排放、养殖用海)	★	★	★	☆	★
	其他	依据实际情况确定				
海洋环境突发事件	溢油	★	★	★	★	☆
	危险化学品泄漏	★	★	★	★	☆
	其他污染物排放	★	★	★	★	☆

注:★代表海洋生态损害价值评估的重点内容。
☆代表依据具体情况可选的一般调查内容。
◐代表的调查内容重要程度介于前两者之间。

(2)海洋环境突发事件:一旦发现海洋环境突发事件,应立即展开调查,直至该海域接近海洋生态损害事件发生前的基线水平。

海洋生态调查应包括海洋水文、海洋水质、沉积物、生物与生态等方面,选取的调查内容应满足海洋生态损害评估工作方案和修复方案编制的要求。根据海洋生态损害事件的性质和海域的生态特征,重点进行生态损害的特征参数调查。同时,搜集该海域前期的生态数据资料并进行分析整理。对于明显改变岸线和海底地形的,应将水文动力和地形地貌作为调查内容。

受影响海域涉及海洋生态敏感区的生态损害，应增加以下相关调查内容：①对于海洋保护区，主要包括保护区的级别、类型、面积、位置、主要保护对象等方面的调查。②对于典型海洋生态系统，包括红树林、珊瑚礁、海草床及其他重要的滨海湿地等方面的调查。③对于珍稀和濒危动植物及其栖息地，包括保护生物种类、数量及栖息地面积等方面的调查，可采取调访等手段进行调查，具体方法参见《海洋自然保护区监测技术规程》。④对于海洋渔业资源产卵场、索饵场、越冬场、洄游通道、育幼场及重要渔业水域，主要包括海洋渔业资源的种类、生物学特性等方面的调查。⑤对于海水增养殖区，主要包括位置、养殖种类、养殖面积、养殖数量等方面的调查。

(3)社会经济调查：调查海洋生态损害评估工作所需的社会经济资料包括四个方面，此外不同赘述。

5.3.3　海洋生态损害基本原则与方法、范围与程度的确定

5.3.3.1　基本原则与方法

海洋生态背景值应选择海洋生态损害事件所在海域或具有可比性的邻近海域近三年内的监测资料。对于海洋生物生态背景值，应选择与损害事件发生在同一季节的本底数据；对于受损海域处于河口区的，水质和水文背景值首选相同水期(枯水期、丰水期等)的数据；已有监测资料满足不了评估要求的，可采用受影响范围邻近海域实际监测的资料作为背景值，并以本海域三年以上的历史资料作为参考。

5.3.3.2　损害范围与程度

(1)基本要求：综合利用现场踏勘、环境监测、生物监测、模型预测或遥感分析(例如航拍照片、卫星影像等)等方法确定海洋生态损害的可能范围，在此基础上开展海洋生态损害确认和因果关系判定，最终确定海洋生态损害的范围与程度。

(2)具体方法：损害范围与程度的确定方法应根据具体对象而定。

①海水水质：分析海洋生态损害事件前后的水质状况及对水质产生的影响，计算特征污染物的不同污染程度，确定超出《海水水质标准》(GB 3097—1997)中规定的各类海水水质标准值及背景值的海域范围和面积，绘制浓度分布图。

②海洋沉积物：分析海洋生态损害事件前后的沉积物的质量状况，计算特征污染物的不同污染程度，确定超出《海洋沉积物质量》(GB 18668—2002)中规定的各类海洋沉积物质量标准值及背景值的海域范围和面积。

③海洋生物:比较海洋生态损害事件前后海洋生物的种类、数量与生物质量的变化,确定超出《海洋生物质量》(GB 18421—2001)中规定的海洋生物质量标准值及背景值的海域范围和面积。根据海洋生态损害事件引起的污染物在水体和沉积环境中的分布监测结果,结合污染物对特定生境的海洋生物毒性,间接推算海洋生态损害事件对海洋生物损害的程度与范围。根据直接调查与间接推算结果,综合分析海洋生态损害事件的海洋生物损害的程度与范围。

④水动力和冲淤:对于明显改变岸线和海底地形的海洋生态损害事件,应分析造成的水动力和冲淤环境变化,以及对海洋环境容量、沉积物性质及生态群落的损害情况。受损程度的确定可采取现场调查和遥感调查等方法。

(3)综合评估:对于综合水质、沉积物、生物、水动力和冲淤等要素的受损程度与范围的确定,应开展海洋生态损害的综合评估。

比较海洋生态损害事件发生前后海洋生态系统及主要生态因子的变化,确定主要生境类型及物种的受损程度,得出生态系统损害的综合评价,明确海洋生态损害事件对海洋保护区、典型海洋生态系统、珍稀和濒危动植物及其栖息地、海洋渔业水域等生态敏感区的损害评估结论。

5.3.4 海洋生态损害价值评估

5.3.4.1 评估原则

海洋生态损害价值应基于生态修复措施的费用进行计算,即将计算海洋生态系统恢复到接近基线水平所需的费用作为首要的海洋生态损害价值评估的计算方法。同时,海洋生态损害价值也应包括恢复期的海洋生态损失费用。对于无法原地修复的损害,应采取异地修复;对于无法修复的损害,应采用替代性的措施实现修复目标。恢复期的海洋生态损失费用应包括恢复期海洋环境容量损失价值量、恢复期海洋生物资源损失价值量等。

5.3.4.2 评估内容

海洋生态损害价值评估应根据海洋生态损害事件的行为类型确定,评估内容如表5.3所示。

表5.3 海洋生态损害评估内容

行为类型	海洋生态损害价值评估内容				
	消除和减轻损害等措施费用	海洋生态修复费用	恢复期生态损失费用		其他合理费用
			恢复期海洋环境容量的损失价值量	恢复期海洋生物资源的损失价值量	
海洋开发利用活动	◎	★	★	★	★
海洋环境突发事件	★	★	★	★	★

注:★代表海洋生态损害价值评估的重点内容。
◎代表无此项评估内容。

5.3.4.3 评估方法

(1)消除和减轻损害等措施费用:消除和减轻损害等措施所产生的费用包括应急处理费用和污染清理费用。

①应急处理费用包括应急监测费用、检测费用、应急处理设备和物品使用费、应急人员费用等。

②污染清理费用包括污染清理设备的使用费、污染清理物资费、污染清理人员费、污染物的运输与处理费用等。

③消除和减轻损害等措施费用应根据国家和地方有关标准或实际发生的费用进行计算。

(2)海洋生态修复费用:

①修复目标:海洋开发利用活动的生态修复可采取替代重建方式实现修复目标。修复目标的制定可根据海域现状、生态特征和受损对象的损害程度确定。替代性生态修复的目标应以修复工程所提供的生态功能和服务等同于海洋生态损害事件发生前该海域所提供的功能和服务为标准。

海洋环境突发事件的生态修复目标是将受损海域的生态修复到受损前或与受损前相近的结构和功能状态。对于无法修复的损害,可采取替代性措施实现修复目标。总之,人们应根据损害程度和该海域的生态特征,制定生态修复的总体目标及阶段目标。

②修复方案:针对海洋生态修复目标,制定海洋生态修复方案。在技术上,海洋生态修复方案应该是可行的,能够促进受损海洋生态的有效恢复,修复的效果应能够被验证。海洋生态修复方案应包括生态修复的项目概况、目标、范围、修复内容与总体布局、项目投资概算、实施周期与进度安排、预期修复成效、跟踪监测与竣工验收要求等。

修复费用为

$$F=F_G+F_S+F_T+F_Q \tag{5.5}$$

式中，F 为海洋生态修复总费用（万元）；F_G为工程费用（万元），包括水体、沉积物等生境重建所需的直接工程费；F_S为设备及所需补充生物物种等材料的购置费用（万元）；F_T为替代工程建设所需的土地（海域）的购置费用（万元）；F_Q为其他修复费用（万元），包括调查、制定工程方案、跟踪监测、恢复效果评估等费用。

(3)恢复期生态损失费用：恢复期海洋环境容量的损失价值量计算应采取标准自净容量法、水动力交换法、浓度场分担率法、排海通量最优化法或其他成熟方法，计算因污染物排入或其他海洋工程（如围填海等）引起的海域水体交换、生化降解等自净能力变化而导致的海洋环境容量损失，并采用调查或最近监测的实测数据予以验证。

对于非直接向海域排放污染物质的生态损害事件，应计算因海域水动力、地形地貌等自然条件改变而导致的海域化学需氧量（COD）、总氮（TN）、总磷（TP）及原有特征污染物负荷能力下降的量。

对于直接或间接向海域排放污染物质的生态损害事件，应计算因污染物入海而增加的海域环境污染负荷量。当受污染海域面积小于 3 km^{2}时，可根据现场监测的污染带分布情况计算污染物环境容量损失量，即

$$Q_i=V(C_s-C_i)\times10^{-6}+K\times\Delta V(C_s-C_i)\times10^{-6} \tag{5.6}$$

式中，Q_i为第 i 类污染物环境容量损失量（t）；V 为受影响海域的水体体积（m^3）；ΔV 为一个潮周期内受影响海域水体净流出量（m^3），计算公式为 $\Delta V=S\times d$，其中 S 为海表面面积，d为潮差；K为周期系数，$K=T/t$，其中 t 为一个潮周期，T为自损害发生起至调查监测时的期限；C_s为损害事件发生后受影响海域第 i 类污染物的浓度（mg/L）；C_i为受影响海域第 i 类污染物的背景浓度（mg/L）。

环境容量损失的价值评估可采用影子工程法计算，即采用当地政府公布的水污染物排放指标有偿使用的计费标准或排污交易市场交易价格进行计算。

对于非直接向海域排放污染物质的生态损害事件导致的海洋环境容量损失，应按照当地城镇污水处理厂的综合污水处理成本计算。对于污染导致的生态损害事件，应按照污水处理厂处理同类污染物的成本计算，所选择的用于成本类比的污水处理厂的处理工艺应符合《城镇污水处理厂污染物排放标准》(GB 18918—2002)中规定的出水水质控制要求。海洋生态损害事件发生海域处于海洋保护区或其他禁排、限排区的，排出的污水至少应符合《城镇污水处理厂污染物排放标准》(GB 18918—2002)规定的一级标准的 A 标准的基本要求。

恢复期海洋生物资源的损失价值量计算：海洋生物资源应包括渔业资源、珍稀濒危水生野生动植物以及维系海洋生态功能的其他生物资源，恢复期海洋渔业资源及其他海

洋生物资源的损失价值量应按照《渔业污染事故经济损失计算方法》(GB/T 21678—2018) 中规定的计算方法来计算。

(4)其他费用:为开展海洋生态损害评估而支出的监测、试验、评估等相关合理费用,应根据国家和地方有关监测、评估服务收费标准或实际发生的费用进行计算。

5.4 海洋溢油生态损害司法鉴定分类

目前,我国关于海洋溢油生态损害评估已有较为成熟的规范标准——《海洋生态损害评估技术导则　第2部分:海洋溢油》(GB/T 34546.2—2017),在实际过程中可参照其中的程序和内容进行评估。

5.4.1 海洋溢油生态损害评估程序

海洋溢油生态损害评估应进行溢油事故调查和溢油污染海域现场调查,调查工作应在溢油事故发生后尽可能短的时间内启动。评估可分为三个工作阶段,具体如图5.2所示。

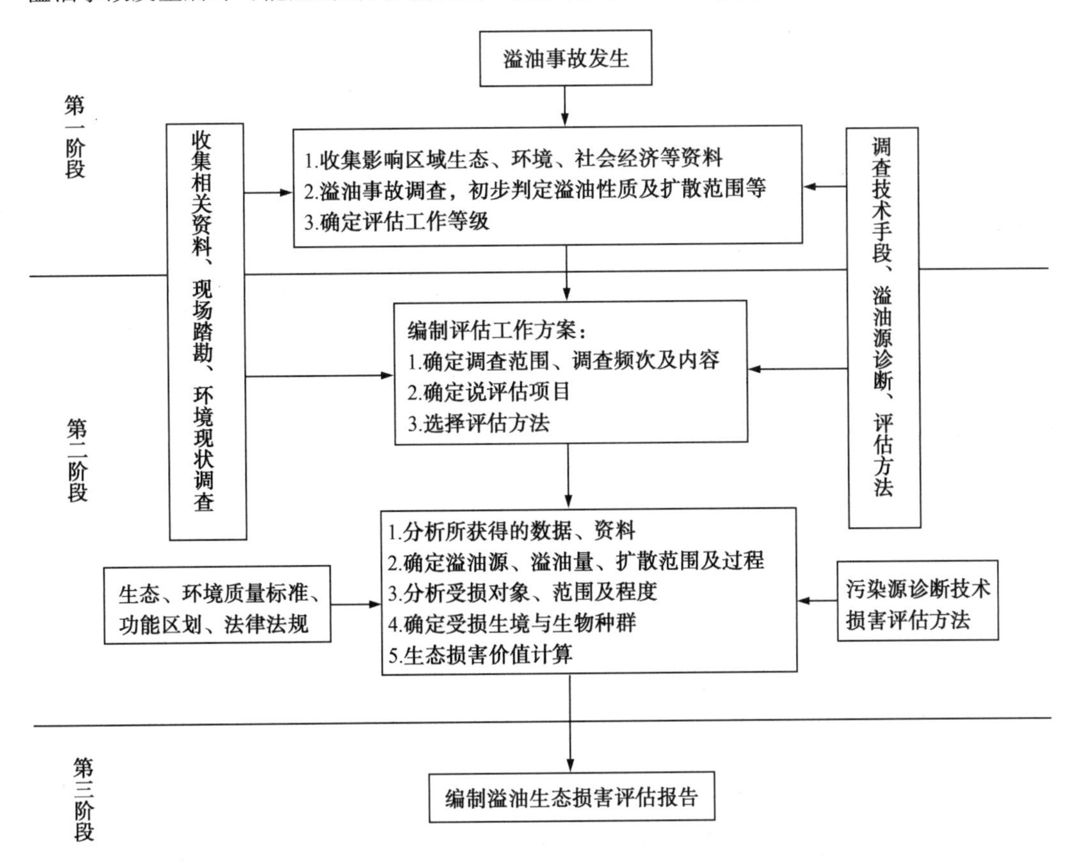

图5.2　海洋溢油生态损害评估工作程序图

第一阶段:溢油事故发生时或接受委托后,鉴定人员应立即收集整理受影响海域生态、环境、社会状况等资料,进行环境现场踏勘、走访、样品采集,初步判定溢油油品性质、溢油扩散范围及影响海域类型,确定评估工作等级。

第二阶段:编制评估工作方案,确定溢油影响调查范围、调查频次、调查内容、评估项目及评估方法。通过分析所获得的调查数据资料,人们能确定溢油源、溢油量、溢油扩散范围及过程,分析溢油影响对象(包括海水环境、海洋沉积物环境、岸滩环境、海洋生物以及海洋环境敏感区等)、影响范围及程度,确定受损生境及生物种群,明确海洋生态损害价值计算内容,并采用相应的方法计算海洋溢油生态损失及调查评估费用。

第三阶段:根据调查与评估结果,编制海洋溢油生态损害评估报告。

5.4.2 评估工作等级与内容

5.4.2.1 评估工作等级

根据油品性质、溢油扩散范围及所处的海域类型,评估工作划分为三个等级,应根据表 5.4 来确定评估工作等级。溢油影响海域为海洋环境敏感区或溢油抵岸的溢油事故,其海洋生态损害评估工作等级可提高一个等级;溢油量在 100 t 以上的,海洋生态损害评估等级为 1 级。

表 5.4 评估工作等级

油品性质	溢油扩散范围(A)	海域类型	评估等级
非持久性油类	$A<100\ km^2$	所有海域	3 级
	$100\ km^2 \leqslant A < 1000\ km^2$	近岸海域	2 级
		远岸海域	3 级
	$A \geqslant 1000\ km^2$	近岸海域	1 级
		远岸海域	2 级
持久性油类	$A<100\ km^2$	所有海城	3 级
	$100\ km^2 \leqslant A < 1000\ km^2$	近岸海域	2 级
		远岸海域	3 级
	$A \geqslant 1000\ km^2$	近岸海域	1 级
		远岸海域	1 级

注:远岸海域为近岸以外其他海域。

5.4.2.2 评估工作内容

评估内容主要包括海洋溢油生态损害调查、污染源诊断、溢油影响范围计算、损害对象及程度确定、恢复方案设计、生态损害价值计算等。依据现场调查并结合溢油鉴别、遥感解译、数值模拟及其他相关技术，确定溢油事故影响的海水、沉积物、海洋生物等单项要素的评估范围及海洋生态影响的综合评估范围。

5.4.3 溢油事故调查

5.4.3.1 调查要求

对因各类事故或其他原因导致的海洋油污染损害，应查清事故原因、事故类型、事故设施名称与位置、事故发生的时间及溢出物的理化特性。溢油事故发生后，应立即开展现场调查工作，查明溢油源、油品性质、溢油量、事故后采取的措施和控制情况及初步掌握的溢油扩散过程等。

5.4.3.2 调查内容与方法

(1)溢油源调查：对于已经明确溢油源的，应开展溢油源信息调查和溢油指纹鉴定。对于石油钻井平台、海洋石油钻井船、采油平台、海洋输油管线和储油设备、近岸输油管线和储油设备等固定溢油源，应调查设施名称、作业海区、具体位置、事故原因等信息。对于海上船舶溢油源，应查清船名、船型、总吨位、排水量、国籍、燃油种类、运载油种和数量、事故原因、发生地点等信息。

对于未查明溢油源的，应立即采用溢油指纹鉴定、数值模拟、遥感解译等技术进行溯源。采用现场取证方式进行调查，利用声像、文字描述、对话记录、测量及取样等手段获取溢油源状况和特征。

(2)溢油油品性质调查：观察溢出物的性状(固体、液体)、颜色、气味、物理特性(清澈、浑浊、漂浮、下沉等)及化学特性(溶解、燃烧等)，测定溢油比重、黏度、倾点、闪点等理化特性。通过目视、嗅觉等直观方式以及简单试验，获取油品基本性状。溢油比重按GB/T 1884—2000或GB/T 13377—2010规定的方法执行，溢油黏度按GB/T 265—1988规定的方法测定，溢油倾点按GB/T 3535—2006规定的方法测定，溢油闪点按GB/T 267—1988规定的方法测定。

(3)溢油扩散过程调查：溢油事故发生后，溢油扩散过程的调查主要采用调访和现场调查的方式，再结合溢油鉴别、遥感解译、雷达监测、数值模拟及其他相关技术，初步掌握溢油扩散范围。

(4)事故后采取的措施和控制情况调查：此类调查是指对于溢油应急计划实施、溢油设备配备及使用情况、油污清除情况和采取的控制措施等的调查。根据海洋溢油生态损害评估工作等级，应调查以下部分或全部内容：①溢油源封堵及切断情况。②溢油围控和回收情况。③溢油化学处理过程及使用量情况。④生物技术降解情况。⑤海洋溢油燃烧情况。⑥回收油和沾油废弃物的储存、运输与处理情况。⑦溢油清除设备的使用情况。

调查应采用现场调查统计的方式进行。

5.4.4 海洋溢油生态环境损害调查

5.4.4.1 调查要求

(1)海洋生态环境损害调查站位布设应以溢油数值模拟结果、遥感解译等技术手段获取的信息为基础,遵循全面覆盖、重点代表的原则,合理选择参照站位。

(2)海洋生态环境损害调查应全面、合理地选择监测要素,应准确反映海水污染要素、海洋沉积物污染要素、海洋生物污染要素、岸滩污染要素等。

(3)海洋生态环境损害调查应明确海洋溢油对污染区域的主要生态环境影响及损害,并能分析该区域生态环境的变化,突出损害程度和范围。

(4)海洋生态环境损害调查应在溢油事故发生后及时开展。在全面调查的基础上,分析溢油影响情况,对监测项目进行筛选,并定期开展跟踪监测。

5.4.4.2 调查内容

根据评估工作的不同等级确定调查内容,评估等级与调查内容如表5.5所示。

表5.5 评估等级与调查内容

评估工作等级	调查内容					
	海洋水文	海洋气象	海水化学	海洋沉积物	海洋生物	岸滩[a]
1级评估	★	★	★	★	★	☆
2级评估	★	★	★	☆	★	☆
3级评估	★	☆	★	☆	☆	☆

注:★为必选调查内容,☆为可选调查内容。

a.溢油登陆后,岸滩应为必选调查内容;溢油处置过程中使用消油剂,海洋沉积物应为必选调查内容。

5.4.4.3 调查要素与方法

(1)海洋水文调查:海洋水文调查要素应包括水深、水温、盐度、海流、海浪、透明度、水色、潮汐等部分或全部内容,选取的调查要素应满足损害评估要求和恢复方案设计。

调查与分析方法执行 GB/T 12763.2—2007 或 GB/T 14914—2006 的规定。

(2)海洋气象调查:海洋气象调查要素应包括能见度、天气现象、海面风、气温、气压等部分或全部内容,选取的调查要素应满足损害评估要求和恢复方案设计。调查与分析方法执行 GB/T 12763.3—2020 的有关规定。

(3)海水化学调查:海水化学调查站位布设、调查要素、海水石油类样品采集及分析应满足以下三点要求。

①海水化学调查站位布设应遵循全面覆盖、重点代表的原则,监测站位以溢油源为中心,沿着污染物扩散带按一定距离布设,全面覆盖溢油影响海域,并且在距离溢油影响范围边界线的邻近海域布设对照监测站位。溢油源附近海域及溢油影响的海洋环境敏感区应适当加密布设站位。

②海水化学调查应选取与溢油相关的特征污染物和次生污染物,调查要素可包括海面油膜厚度、颜色、面积、形状及分布状况等,选取海水 pH 值、石油类、化学需氧量、生化需氧量、溶解氧、活性磷酸盐、氨盐、亚硝酸盐、硝酸盐、叶绿素 a、石油烃降解菌、多环芳烃、阴离子洗涤剂等部分或全部要素进行调查,选取的调查要素应满足损害评估要求和恢复方案设计,调查与分析方法执行 GB 17378.4—2007 中的有关规定,多环芳烃分析方法执行 GB/T 26411—2010 中的有关规定。若确认溢油中存在某种特别的添加组分或处理过程中会向海洋释放某种特殊物质,可针对这些物质及其衍生物质开展监测。

③海水石油类样品采集层次根据溢油性质、特点及所处海域特征而定。当溢油仅仅影响表层海水时,海水石油类样品采集方法执行 GB 17378.4—2007 中的有关规定。若溢油影响底层海水,水深小于 10 m 时采集表层和底层海水石油类样品;水深大于 10 m 时,按照 GB/T 12763.4—2007 中规定的采水层次采集样品。特殊情况下,若需精确评估石油类在海水中的垂直分布状态,采样层次可适当加密。

(4)海洋沉积物调查:海洋沉积物调查站位布设、调查要素及样品采集与分析应满足如下要求。

①海洋沉积物调查站位布设应遵循全面覆盖、重点代表的原则,监测站位以溢油源为中心,沿着污染物扩散带按一定距离布设;监测断面的设置应与海水化学调查断面一致,站位数量一般按照海水化学调查站位数量的 60%布设;在溢油影响范围边界线的邻近海域布设对照监测站位。

②海洋沉积物调查应选取与溢油相关的特征污染物和次生污染物,调查要素可包括粒度、氧化还原电位、有机碳、硫化物、石油类、可见油污、泥浆、多环芳烃、苯系物、石油烃降解菌等部分或全部要素,选取的调查要素应满足损害评估要求和恢复方案设计,调查与分析方法执行 GB 17378.5—2007 中的有关规定。

③海洋沉积物样品采集后,应保持泥样完整状态。当沉积物表面或内部有油污时,

应进行高分辨率拍照并在采样记录中进行状态描述，照片中应包含采样站位号、经纬度[全球定位系统(GPS)实时显示最佳]。

(5)海洋生物调查：海洋生物调查站位布设及调查要素应满足如下要求。

①海洋生物调查站位布设应遵循全面覆盖、重点代表的原则，生物采样断面的设置应与海水化学调查断面一致；除特殊要求外，生物站位数量一般按照海水化学调查站位数量的60%布设；底栖生物调查站位应与海洋沉积物调查站位保持一致；生物质量站位数量不低于生物站位数量的1/3；在溢油影响范围边界线的邻近海域布设对照监测站位。

②海洋生物调查应包括浮游植物、浮游动物、大型底栖生物、小型底栖生物、潮间带生物、微生物、鱼卵仔稚鱼、游泳生物、珍稀濒危生物、国家保护动物等生物，选取的调查要素应满足损害评估要求和恢复方案设计，调查与分析方法执行 GB/T 12763.6—2007 或 GB 17378.7—2007 中的有关规定。

③根据溢油影响程度可选做生物毒性试验。

④生物体质量调查应选择定居性、常见性、不进行长距洄游的生物物种，包括大型藻类、鱼类、甲壳类、贝类(双壳类)等部分或全部种类，调查要素包括石油烃、多环芳烃、细菌总数等部分或全部要素，分析方法执行 GB 17378.6—2007 中的有关规定，多环芳烃分析采用气相色谱-质谱联用法。

⑤溢油影响期间，海域内若发生赤潮，应立即启动赤潮灾害监测，监测方法执行 HY/T 069—2005。重点监测浮游生物种群的变化，为评估溢油对海洋生态系统的损害程度提供依据。

⑥鸟类调查采用调访和观测的方法，对溢油影响区域内的鸟类种类和数量进行逐一统计，记录受到溢油影响的鸟类种类、数量及死亡情况。

(6)溢油岸滩监测：

①岸滩溢油监测工作程序：确定岸滩发生溢油污染后，或预估溢油发生后有可能影响岸滩，应立即开展现场监测，确定岸滩是否受到污染，并评估污染范围和程度。

监测前应先做好准备工作，包括制定监测方案、准备外业监测设备等。其次，根据监测方案，确定现场监测范围和区域，具体如下：

a.应掌握全部溢油污染岸线范围，选择典型区域开展重点监测。

b.在岸滩溢油监测记录表上，填写监测区域岸滩类型、溢油登陆状态等信息。

c.采集岸滩溢油油指纹样品。若监测区域为砂质岸滩，并且出现了油污下渗情况，应采集下渗油污样品、沉积物样品和间隙水样品；若发现受污大型动物或受污其他海洋生物，应采集受污生物样品。

②溢油登陆状态监测：

a.油污性质观测与记录：溢油性质分重质和轻质两种。溢油为汽油、柴油、煤油等轻

质成品油的溢油性质记录为轻质，其他黑色、褐色、棕色油污均记录为重质。

b.面状、带状和丝带状溢油监测：岸滩溢油分布状态为面状、带状、丝带状，应测量岸滩溢油长度、宽度、厚度和覆盖率。

c.焦油球监测：若岸滩溢油状态为焦油球或油饼，需确定焦油球分布区域的长度、宽度；选择典型代表区域，监测单位区域内(0.25 cm×0.25 cm 或 1 m×1 m)溢油污染水平。

d.相关参数测量方法：相关参数包括长度、宽度、厚度和覆盖率。

长度和宽度测量方法应满足以下要求：长距离测量时，采用大比例尺地图，利用地图投影测量的方式进行测定，或沿岸滩驾驶车辆，利用车载测距仪进行距离测量；中距离测量时，根据经验进行步测或目测；短距离测量时，可采用直接测量或步测法测量。

测量厚度时，用刻度尺进行溢油平均厚度测量。一般情况下，成片溢油厚度大于 0.1 cm 时，其厚度可以利用刻度尺测量获取；丝带状溢油非常薄，厚度按 0.1 cm 计。

溢油覆盖率按照图 5.3 所示进行估算。

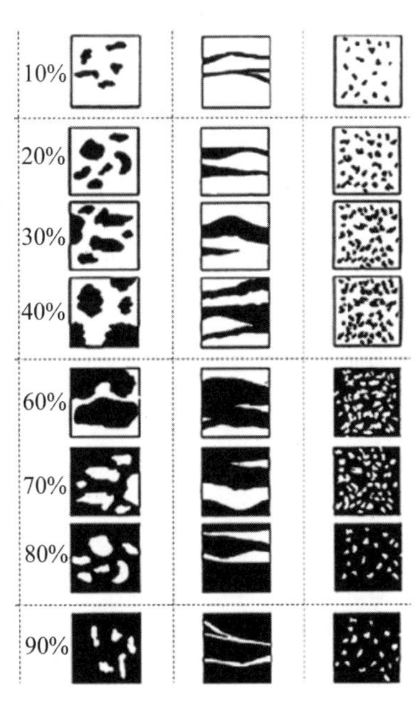

图 5.3　溢油覆盖率估算示意图

5.4.4.4　海洋环境敏感区调查

(1)调查要求：

海洋环境敏感区调查应满足如下要求：

①对溢油源周围的环境数据进行调查并收集相关的资料，以确定环境敏感性。

②环境敏感性调查应明确受溢油影响的主要生态环境问题类型与可能性大小，以确定调查范围。

③环境敏感性调查应根据主要生态环境问题的形成机制，分析环境敏感目标的优先保护次序，明确特定生态物种可能受到的影响和损害。

④明确环境敏感区（重点渔业水域、海水养殖区、自然保护区、水产种质资源保护区、珍稀濒危物种分布区、典型海洋生态系、风景名胜古迹和水上旅游娱乐场等）的调查与评价内容。

（2）调查内容：

调查内容选择下述全部或部分内容：

①自然保护区，主要包括自然保护区的级别、类型、面积、位置等。

②水产种质资源保护区，主要包括保护区的资源保护类型、面积、位置等。

③典型海洋生态系统，主要包括红树林、珊瑚礁、海草床的位置、面积大小等。

④生活或工业用水取水口，主要包括取水口的性质、位置、取水量等。

⑤珍稀和濒危动植物及其栖息地，主要包括保护生物种类、数量及栖息地面积等。

⑥海水增养殖区，主要包括养殖种类、养殖面积、养殖类型、养殖数量等。

⑦重点渔业水域，主要包括经济鱼类的产卵场、索饵场、育幼场分布状况。

⑧岸滩生物，主要包括生物种类、数量、优势及分布等。

⑨河口湿地，主要包括湿地位置及面积等。

⑩盐田，主要包括盐田位置及面积等。

⑪重要的海洋工程和海岸工程，主要包括工程性质、类型、位置、规模等。

⑫风景名胜古迹、重要的景观和水上旅游娱乐场，主要包括位置、年旅游收入等。

（3）调查方法：

调查方法要求如下：

①根据现场调查资料和相关历史资料，对环境敏感区进行区划。主要做法：选取标准版1∶50 000的海图，平面坐标采用WGS-84坐标系统，高程基准采用1985年国家高程基准；根据调查数据和资料，应用相应计算机软件编绘海洋环境敏感区的位置与溢油源的距离、范围、面积、保护内容等，确定各种海洋环境敏感区的优先保护次序。

②环境敏感区的优先保护次序可根据环境、资源对溢油的敏感程度，现有应急措施的可行性和有效性，可能造成的经济损失以及清理油污的难易程度等因素来确定。

③自然保护区调查按照《海洋功能区划导则》（GB/T 17108—2006）和《海洋自然保护区监测技术规程》中的有关要求执行。

④典型生态系统的调查，如湿地、红树林、珊瑚礁、海草床，应分别按照《滨海湿地生态监测技术规程》（HY/T 080—2005）、《红树林生态监测技术规程》（HY/T 081—2005）、

《珊瑚礁生态监测技术规程》(Y/T 082—2005)、《海草床生态监测技术规程》(HY/T 083—2005)中的有关要求执行。

⑤生活或工业用水取水口的位置采用GPS定位法调查,取水量和水的用途采用现场调访的方式进行调查。

⑥海水增养殖区调查按照《海水增养殖区监测技术规程》中的有关要求执行。

⑦海水浴场与滨海旅游度假区按照《海洋监测规范》(GB 17378—2007)和《海水浴场环境监测技术规程》中的有关要求执行。

5.4.5　海洋溢油生态损害对象及程度确定

5.4.5.1　背景值数据选取

选择距溢油损害发生最近的时间和空间范围的调查数据为背景值。当背景值的调查时间和空间不一致时,选择最近的空间背景值。背景值的空间范围为地理位置,它应在该次溢油可能影响的范围内;背景值的时间范围为 3 年,即背景值应选择 3 年内的环境质量要素的本底值。海洋生物生态环境要素的背景值应选择 3 年内与溢油损害发生在同一季节的本底值,若无 3 年内背景值,可选 3 年外背景值。当已有的资料满足不了背景值确定要求时,可采用受溢油影响范围外邻近海域的对照监测站位资料作为背景值。

5.4.5.2　海水质量影响范围及损害程度确定

(1)评估要求:对于海水质量,应以现场调查和历史调查资料为基础,全面、详细地分析溢油事故发生前和发生后的水质状况,将海面油污(油膜)监测数据及石油类监测数据与背景值进行对比,并以《海水水质标准》(GB 3097—1997)中规定的标准值来进行评价,分析对海水质量可能产生的影响。对于持续时间比较长的溢油事故,可通过数据同化方法将不同时间阶段的现场监测结果归一化为同一时间阶段的监测结果,用以评估海水质量影响范围及程度。

(2)影响范围及损害程度确定:根据现场监测结果并结合数值模拟、遥感技术及其他相关技术综合确定海水影响范围,石油类浓度显著高于背景值的范围及海水油膜覆盖范围。

海水环境的受损程度应根据影响范围、海水油膜或石油类浓度超出《海水水质标准》中规定的标准值的程度及海水石油类基本恢复至背景值的持续时间等因素综合分析确定。

5.4.5.3　海洋沉积物影响范围及损害程度确定

(1)评估要求:对于海洋沉积物,应以现场调查和溢油鉴别为基础,应全面、详细地反映出溢油事故发生前和发生后的沉积物的质量状况及溢油事故发生后沉积物中石油类含量超出背景值的程度,并以《海洋沉积物质量标准》(GB 18668—2002)中规定的标准值进行评价。

(2)影响范围及损害程度确定:海洋沉积物溢油影响范围为海洋沉积物石油类含量显著高于背景值的范围。海洋沉积物的受损程度根据影响范围、海洋沉积物石油类含量超出《海洋沉积物质量标准》中规定的标准值的程度及基本恢复至背景值的持续时间等因素综合分析确定。

5.4.5.4　海洋生物影响范围及损害程度确定

(1)评估要求:对于海洋生物,应结合现场调查和调访情况分析确定海洋生物是否受到影响,并根据现场调查和调访情况及相关资料分析确定受损程度。

(2)影响范围及受损程度分析:海洋生物影响范围为海洋生物发生显著变化的区域。评估时应以现场调查和历史资料为基础,全面、详细地反映出溢油事故发生前和发生后的生物种类、生物数量、生物密度、生物质量、经济及珍稀保护动物的变化情况,尤其应关注生物卵和幼体成形率的变化及关键生态位生物的变化。采用背景比较分析方法,通过与历史资料的综合比较来确定其变化情况。采用定量或半定量的方法分析影响范围及受损程度,难以定量的可采用专家评估的方式取得。海洋生物质量受损程度以生物体石油烃含量超出《海洋生物质量》(GB 18421—2001)中规定的标准值的程度及基本恢复至背景值的持续时间等因素综合分析确定。

5.4.5.5　岸滩影响范围及损害程度确定

(1)评估要求:对于岸滩,应以溢油鉴别为基础,结合现场调查、调访情况和数值模拟结果等分析确定其影响范围及损害程度。影响范围的确定以高于背景值(考虑该区域近3年的石油类平均波动值)的区域为准,通过现场调查、调访情况和溢油鉴别结果确定受损程度。

(2)影响范围及受损程度确定:岸滩影响范围包括溢油事故造成的岸滩潮间带油污分布区域,以及沉积物、间隙水或岸滩附近海水石油类浓度升高的区域。岸滩生境受损程度的分析应当反映污染不同类型岸滩的油污类型、油污覆盖范围、油污污染程度及其随时间的变化等情况。岸滩生物受损程度的分析应当反映生物种类数量、生物数量、群落结构等的变动情况,珍稀濒危物种及重要经济、历史、景观和科研价值的物种可能出现的变化。

5.4.5.6　海洋环境敏感区影响范围及损害程度确定

(1)评估要求：

对于海洋环境敏感区，应结合现场调查和调访情况分析确定环境敏感区影响范围及其是否受损，并结合相关调查与研究资料分析确定受损面积及程度。

(2)受损程度分析：

环境敏感区受损程度分析应满足以下要求：

①对于典型海洋生态系统(如红树林)，应分析其水环境、沉积环境以及红树林群落、底栖动物群落和红树林鸟类群落等生物指标的变化情况。

②对于珊瑚礁，采用定性或定量的方法分析其物理-化学指标以及珊瑚、大型底栖藻类和珊瑚礁鱼类的变化情况。

③对于海草床，分析其水环境、沉积环境以及海草群落和底栖动物的变化情况。

④对于海洋保护区，采用定性或定量的方法分析其保护对象及生境指标的变化情况。

⑤对于海水增养殖区，采用定性或定量的方法分析其养殖种类、养殖环境、生物体内石油烃含量及养殖生物大小等指标的变化情况。

⑥对于渔业水域，采用定性或定量的方法分析其产卵场、育幼场、索饵场以及海水环境等指标的变化情况。

⑦对于其他环境敏感区，采用定性或定量的方法分析其相关指标的变化情况。

5.4.6　海洋溢油生态损害价值计算

5.4.6.1　海洋生态损害价值计算内容

海洋生态价值损害计算包括恢复期的海洋生态损失、修复期的费用和调查评估费用。其中，恢复期的海洋生态损失为海洋生态直接损失，包括海洋生态系统服务功能损失和海洋环境容量损失；修复期的费用为海洋生境修复费用和生物种群恢复费用。海洋生态价值损害计算内容宜按评估工作等级选择，具体如表5.6所示。

表 5.6 海洋生态损害价值计算内容

评估工作等级	恢复期的海洋生态损失		海洋生态修复费用		其他费用
	海洋生态服务功能损失	环境容量损失	生境修复	生物种群恢复	调查评估费
1级评估	★	★	☆	☆	★
2级评估	★	★	☆	☆	★
3级评估	☆	★	☆	☆	★

注:★为必选评估项目。

☆为可选评估项目。

海洋溢油生态损害评估费计算公式为

$$HY = HY_{ZJ} + HY_{HP} + HY_{M} \tag{5.7}$$

式中,HY为溢油生态损害评估费用(万元);HY_{ZJ}为恢复期的海洋生态损失(海洋生态直接损失,万元);HY_{HP}为海洋生态修复费用(万元);HY_{M}为进行损害评估的调查评估费(万元)。

5.4.6.2 海洋生态恢复期费用计算

(1)海洋生态恢复期费用:海洋生态恢复期的费用为海洋生态直接损失,依据不同的海洋生态系统类型分别进行计算,包括海洋生态系统服务功能损失和海洋环境容量损失两部分,计算公式为

$$HY_{ZJ} = HY_{S} + HY_{C} \tag{5.8}$$

式中,HY_{S}为海洋生态系统服务功能损失(万元);HY_{C}为溢油造成的海洋环境容量损失(万元)。

(2)海洋生态系统服务功能损失:海洋溢油事故造成的海洋生态系统服务功能损失的计算公式为

$$HY_{S} = \sum_{i=1}^{n} hy_{i} \tag{5.9}$$

$$hy_{i} = hy_{di} \times hy_{ai} \times s_{i} \times t_{i} \times T \times d \tag{5.10}$$

式中,hy_{i}为第i类区域海洋生态系统类型海洋生态系统服务功能损失(万元);hy_{di}为溢油对第i类区域影响的海洋生态价值(元·hm^{-2}·a^{-1}),溢油影响海域生态价值按照《海洋生态资本评估技术导则》(GB/T 28058—2011)中规定的海洋生态系统服务评估方法估算(不包括渔业资源),如果溢油影响海域生态价值难以评估,应按照表5.7中不同类型海洋生态系统的平均公益价值估算;hy_{ai}为溢油对第i类区城海洋生态系统的影响面积(hm^2);s_{i}为溢油对第i类区域海洋生态系统影响程度,以《近岸海洋生态健康评价指

南》(HY/T 087—2005)中规定的海洋生态系统健康指数的变化率表示，对于海洋生物健康评价标准值的确定，可参照溢油影响海域或邻近海域的背景值；t_i 为溢油事故发生至第 i 类区域海洋生态系统恢复至原状的时间(a)；T 为溢油毒性系数，没有使用消油剂取值为 1，使用消油剂取值为 3；d 为敏感程度折算率，取值范围为 1%～3%，海洋环境敏感区取 3%，近岸海域非环境敏感区取 2%，远岸海域非环境敏感区取 1%。

表 5.7　不同类型海洋生态系统的平均公益价值

功能类型	生态系统类型					
	河口和海湾	海草床	珊瑚礁	大陆架	岸滩	红树林
价值/(元·hm^{-2}·a^{-1})	182 950	155 832	47 962	12 644	119 138	78 097

(3)海洋环境容量损失：海洋环境容量损失采用影子工程法计算，即

$$HY_c = W_q \times W_c \tag{5.11}$$

式中，HY_c 为海洋环境容量损失；W_q 为污水处理费，按照溢油源发生地或影响区域所在地的地市级以上城市的油类污水处理费用(元/m^3)计算，如果难以直接获得溢油源发生地或影响区域所在地的地市级以上城市的油类污水处理费用，可采用调研的方式获取；W_c 为溢油损害水体体积，即溢油影响海域海水中石油类浓度超出其所在海洋功能区水质标准要求及油膜覆盖海域的水体体积(m^3)。

损害水体体积为

$$W_c = hy_a \times h \tag{5.12}$$

式中，hy_a 为溢油影响的海水面积(m^2)；h 为溢油影响的海水深度(m)。

5.4.6.3　海洋生态修复费用

(1)海洋生态修复费用包含受损海洋生境修复和海洋生物种群恢复费用，即

$$HY_{HP} = HY_H + HY_P \tag{5.13}$$

式中，HY_{HP} 为海洋生态修复费用(万元)；HY_H 是海洋受损生境修复费用(万元)；HY_P 为海洋生物种群恢复费用(万元)。

(2)受损生境修复费用为开展海洋生境修复而支出的清污、监测、试验、修复、评估等相关合理费用，可根据国家和地方有关监测、评估服务收费标准或实际发生的费用进行计算，即

$$HY_H = hy_{hc} + hy_{hb} \tag{5-14}$$

式中，HY_H 为海洋受损生境修复费(万元)；hy_{hc} 为清污费(万元)；hy_{hb} 为修复费(万元)。

采用直接统计的方法计算清污费，应将溢油后应用各种物理、化学的方法清除石油

污染所使用的原料、设备、人员、船舶、飞机等费用(包括行政主管部门发生的溢油清污费)分别统计,最后进行累加。

修复费计算采用直接统计的方法,包括本底监测、试验研究、现场修复、修复效果评估等费用,最后进行累加,即

$$hy_{hb}=hy_{hcb}+hy_{hce}+hy_{hcx}+hy_{hcp} \quad (5.15)$$

式中,hy_{hcb}为修复所需要的本底监测费用,包括船舶、人员、车辆、样品取样分析等;hy_{hce}为修复所需要的试验研究费用,包括船舶、人员、车辆、样品取样分析等;hy_{hcx}为现场修复所发生的费用,包括原料、船舶、人员、设备、车辆、样品取样分析等;hy_{hcp}为对修复过程和效果所开展的修复效果评估费用,包括船舶、人员、车辆、样品取样分析等。

5.4.6.4 调查评估费

调查评估费为开展海洋生态损害评估而支出的监测、试验、评估等相关合理费用,包括飞机行驶费、船舶使用费、外业监测费、外业样品实验室分析费、人员出海补贴费、会议费、专家评审费、差旅费、车辆使用费、租用设备费、评估费、律师服务费及其他相关费用。调查费用收费标准按《工程勘察设计收费标准》执行,没有标准的按实际发生的费用进行计算。

5.5 海洋生态损害司法鉴定案例

“A”轮船与“B”轮船在我国海域发生碰撞,造成“A”轮船沉没。事故导致大量燃料油外泄,对事故海域造成了污染。山东海事司法鉴定中心对此次溢油事故所造成的环境生态损害进行了评估。

5.5.1 现场调查与影响分析

在事故海域布设了23个站位进行浮游植物、浮游动物、底栖生物和叶绿素a的调查采样,站位分布如图5.6所示。

样品的采集、处理、分析均按《海洋监测规范　第七部分:近海污染生态调查和生物监测》(GB 17378.7—2007)中的方法执行。对样品的群落结构进行生物多样性、均匀度(Pielou指数)、优势度、丰富度(Margalef指数)分析,分析溢油事故对海域浮游植物、浮游动物、底栖生物等的影响。

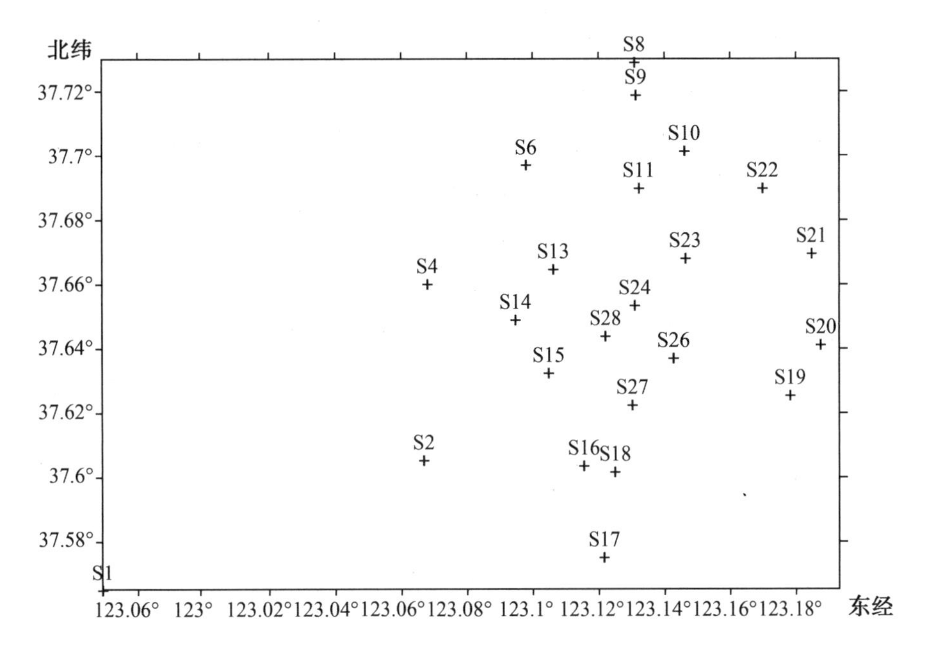

图 5.6 调查站位

5.5.2 海洋生态损害评估

根据《海洋溢油生态损害评估技术导则》(HY/T 095—2007)的规定,海洋生态环境损害包括直接海洋生态损失、生境修复费、生物种群恢复费和调查评估费。其中,海洋生态直接损失包括生态服务功能损失和环境容量损失两部分。

5.5.2.1 环境容量损失评估

(1)评估方法:环境容量损失采用影子工程法进行计算,则环境容量损失(HY_W)为

$$HY_W = W_q \times W_C \tag{5.16}$$

式中,W_q为污水处理费用(元/m^3);W_C为溢油影响水体体积(m^3)。

(2)参数确定:根据前述“A”轮《环境质量与油指纹分析鉴定报告》,本次事故的溢油影响面积为 314 km^2,溢油影响的海水深度按照表层水体 0.1 m 计算。根据调查资料,该地的污水处理费用按照 0.5 元/吨来计算。

(3)损害评估结果:本次溢油事故的环境容量损失为

$$HY_W = W_q \times W_C = 0.5 \times (314 \times 10^6 \times 0.1) = 1570.00(万元)$$

5.5.2.2 生态服务功能损害评估

(1) 评估方法:根据海洋生态服务功能损害估算方法,海洋生态服务功能(Hy_i)为

$$Hy_i = hy_{di} \times hy_{ai} \times s_i \times t_i \times d \times T \quad (5.17)$$

式中，hy_{di} 为海洋生态系统类型单位公益值（万元・hm^{-2}・a^{-1}）；hy_{ai} 为溢油影响的海洋生态系统面积（hm^2）；s_i 为溢油影响对海洋生态系统造成的损失率，以海洋生态系统健康指数变化率表示，并根据《近岸海洋生态健康评价指南》(HY/T 087—2005)中的规定取值；t_i 为溢油影响生态系统恢复时间(a)；d 为折算率，根据溢油影响海区的海洋生态敏感性取值，其范围为1%～3%，海洋生态敏感区取高值，非敏感区取低值，亚敏感区取中值。

(2)参数确定：根据《海洋溢油生态损害评估技术导则》(HY/T 095—2007)的规定，本次溢油事故发生的海域属于大陆架海洋生态系统，该生态系统的平均公益价值为12 644.4元/(hm^2・a)。海洋生态系统的损失率取50%。生态系统恢复至原状需时按1年计算。事故海域属于亚敏感区，折算率取2%。

(3)损害评估结果：本次溢油事故的环境容量损失为

$$Hy_i = 12\,644.4 \times 31\,400 \times 50\% \times 1 \times 2\% \times 1 \approx 397.03(\text{万元})$$

5.5.2.3 生境修复费与其他费用

生境修复费包括清污费和修复费，清污费这里不作鉴定，修复方法包括物理、化学、生物的修复方法，修复费采用直接统计的方法对生境修复方案所需费用进行逐一统计及加和计算，建议确定合理修复措施后，再进行统计计算。受损生物种群恢复费与调查评估费这里不作鉴定。

5.5.3 鉴定意见

(1)事故海域生态环境受到了损害，质量下降，主要表现在对浮游植物的影响上。相对于历史数据，浮游植物的种类数、细胞数量、多样性指数、均匀度指数及丰富度指数均有所下降。

(2)本次溢油事故造成的生态环境损害价值为1967.03万元，其中环境容量损害价值为1570.00万元，生态服务功能损害397.03万元。

(3)合理的修复措施确定后，再进行生境修复费的统计确定。生物种群恢复费、调查评估费在本报告中不作鉴定。

5.5.4 案例意义

经过科学、客观的司法鉴定，本案的鉴定意见被法院采信，并成功获得了赔偿，这是我国海洋生态环境损失索赔比较典型的案例，对今后海上溢油生态环境损害司法鉴定、生态索赔等案件具有指导性作用。

第6章 海洋动植物损害司法鉴定

6.1 海洋动植物损害司法鉴定范围

海洋动物损害鉴定包括确定海洋养殖动物(包括食用、观赏、种用等海洋养殖动物)、滨海湿地野生动物(包括水禽、鸟类、两栖动物、爬行动物等)、海洋野生动物(包括浮游动物、底栖动物、鱼类、哺乳动物等)损害的时间、类型、范围和程度,判定近岸海洋、海岸带和海岛环境污染与海洋动物损害之间的因果关系,制定海洋动物恢复方案,评估海洋动物损害数额、恢复效果等。

6.1.1 天然渔业资源损害鉴定

渔业资源(fishery resources)是指天然水域中具有开发利用价值的鱼类、甲壳类、贝类、藻类和海兽类等经济动植物的总体,是渔业生产的自然源泉和基础,又称为水产资源。

渔业资源按水域分为内陆水域渔业资源和海洋渔业资源两大类。鱼类资源占内陆水域渔业资源的主要地位,有2万多种,估计可捕量为0.7亿~1.15亿吨;海洋渔业资源(不包括南极磷虾)蕴藏量为10亿~20亿吨。

6.1.2 人工养殖动植物损害鉴定

人工养殖主要考虑养殖方式和品种等。

(1)养殖方式:池塘养殖、筏式养殖、底播养殖。

(2)养殖品种:鱼类、虾类、贝类、藻类等。

6.2 海洋动植物损害司法鉴定方法

本书中海洋动植物损害评估主要参照国家标准《渔业污染事故经济损失计算方法》(GB/T 21678—2018)中的评估方法。

6.2.1 渔业生物损失量评估方法

6.2.1.1 直接计算法

(1) 适用范围:本方法适用于天然渔业水域渔业资源损失量的评估(不包括“定点采捕法”的评估范围),并且适用于拥有以下资料的水域:①事故发生前近5年内同期2年的渔业资源调查历史资料。②事故发生后渔业资源现场调查资料。

(2)资源损失率:资源损失率计算公式为

$$R_i=\frac{D_i-D_{pi}}{D_i}\times 100\%-E_i \tag{6.1}$$

式中,D_i为近5年内同期2年的第i种渔业资源的平均密度(kg/km²、尾/km²),资源密度计算方法按照式(6.2)计算;D_{pi}为污染后第i种资源的平均密度(kg/km²、尾/km²);E_i为第i种渔业资源回避逃逸率(%),不同生物的回避逃逸率如表6.1所示。

表6.1 不同生物的回避逃逸率

种类	回避逃逸率/%	种类	回避逃逸率/%
鲆鲽类、鳐类	0~10	甲壳类	0~10
其他鱼类	10~20	软体动物、棘皮动物等	0~10

资源密度为

$$D=\frac{C}{a\cdot q} \tag{6.2}$$

式中,C为平均每小时拖网渔获量[kg/(网·h)];a为每小时拖网面积[km²/(网·h)];q为可捕系数。

(3)渔业资源损失量:渔业资源损失量计算公式为

$$Y_1=\sum_{i=1}^{n} D_i\times R_i\times A_p \tag{6.3}$$

式中,D_i为近5年内同期2年的第i种渔业资源的平均密度(kg/km²、尾/km²);R_i为第i

种渔业资源的损失率(%);A_p为污染面积(km^2)。

6.2.1.2　比较法

(1)适用范围:本方法适用于天然渔业水域渔业资源损失量的评估,并且适用于拥有以下资料的水域:①污染事故发生前近 5 年内同期 2 年的渔业资源调查历史资料。②事故发生中或发生后 30 天内,污染区和非污染区渔业资源现场调查资料,其中非污染区为与污染区邻近的区域。

(2)渔业资源损失量:渔业资源损失量计算公式为

$$Y_1 = \sum_{i=1}^{n} [D_{ui} \times (1 - E_i) - D_{pi}] \times A_p \tag{6.4}$$

式中,D_{ui}为对照区第 i 种渔业资源的平均密度(kg/km^2、尾/km^2),资源密度按照式(6.2)计算;D_{pi}为污染区第 i 种渔业资源的平均密度(kg/km^2、尾/km^2);A_p为污染面积(km^2);E_i为第 i 种渔业资源的回避逃逸率(%),不同生物的回避逃逸率如表 6.1 所示。

6.2.1.3　定点采捕法

(1)适用范围:本方法适用于天然水域底栖生物、底播增养殖渔业生物,无法或不适宜对其进行拖网采样,但可进行定点采样的损失量的评估。

(2)渔业生物损失率:渔业生物损失率计算公式为

$$R_i = \frac{N_1}{N_t} \times 100\% \tag{6.5}$$

式中,N_1为采集到的损失生物数量(只);N_t为采集到的总生物数量(只),包括死亡和存活的全部个体。

(3)渔业生物损失量:渔业生物损失量计算公式为

$$Y_1 = \sum_{i=1}^{n} S_i \times D_{fi} \times A_p \times R_i \times (1 - R_{si}) \tag{6.6}$$

式中,D_{fi}为第 i 种渔业生物的平均栖息密度(只/m^2);A_p为污染面积(m^2);S_i为第 i 种渔业生物的商品规格(kg/只);R_i为第 i 种渔业生物损失率(%);R_{si}为第 i 种渔业生物的自然死亡率(%)。

6.2.1.4　统计推算法

(1)适用范围:本方法适用于增养殖水域渔业生物损失量的评估,能提供确切的投苗数量,且现场调查能获得损失率数据。

(2) 渔业生物损失量:渔业生物损失量计算公式为

$$Y_1=\sum_{i=1}^{n} S_i \times D_{sti} \times R_i \times A_p \cdot (1-R_{si}) \tag{6.7}$$

式中,S_i为第 i 种渔业生物的商品规格(kg/个、尾、只);D_{sti}为第 i 种渔业生物放养密度(个/km^2、尾/km^2、只/km^2);R_i为渔业生物损失率(%);A_p为污染面积(km^2);R_{si}为第 i 种渔业生物的自然死亡率(%)。

6.2.1.5 调查统计法

(1)适用范围:本方法适用于增养殖水域渔业生物损失量的评估,现场调查能获取单位水体的生物量和损失率。

(2)渔业生物损失量:渔业生物损失量计算公式为

$$Y_1=\sum_{i=1}^{n} S_i \times B_{ti} \times R_i \times A_p \times (1-R_{si}) \tag{6.8}$$

式中,S_i为第 i 种渔业生物的商品规格(kg/尾、kg/只、kg/个);B_{ti}为单位面积第 i 种生物的数量(个、尾、只/km^2);R_i为第 i 种生物的损失率(%);R_{si}为第 i 种渔业生物的自然死亡率(%);A_p是污染面积(km^2)。

6.2.1.6 模拟实验法

(1)适用范围:通过一定的实验手段,模拟实验法可评估外源污染物对渔业生物造成的危害。本方法适用于污染物为非单一物质或渔业水质标准、海水水质标准和地表水环境质量标准中没有列出的物质,或者污染物不明确但造成生物大量急性死亡的事故。本方法主要用于受外源污染造成生物损失的评估。

(2)评估方法:

①选派 2~3 名具有渔业污染事故调查鉴定资格且熟悉生态模拟试验工作程序的专家。

②根据实际情况设计受控模拟实验方案,实验设置 1 个对照组和至少 3 个平行组,受试生物的选择和数量、实验系列组应按实验设计要求来设置,并达到数理统计要求。

③将受试生物暴露于实验液中,观察不同实验组中受试生物的反应。

④根据实验结果,确定“物质-受试生物”的毒性效应,并计算出损失率。

⑤根据实验结果和生产中生物放养密度,可计算得出渔业生物损失量为

$$Y_1=\sum_{i=1}^{n} S_i \times B_{ti} \times R_i \cdot V_p \cdot (1-R_{si}) \tag{6.9}$$

式中,B_{ti}为单位水体中第 i 种渔业生物的数量(个/km^2、个/km^3);R_i为第 i 种渔业生物

的损失率(%)；S_i为第 i 种渔业生物的商品规格(kg/个)；V_p为污染水体面积或体积(m^2、m^3)；R_{si}为第 i 种渔业生物的自然死亡率(%)。

6.2.1.7　生产统计法

(1)适用范围：适用于增养殖水域渔业生物损失量的评估，并且适用于三种情况：①由于环境条件的限制，无法获得放苗数量等资料。②现场调查时，无法进行单位面积生物数量的定量调查。③现场调研、调查时，无法获得污染后的生物生产情况。

(2)渔业生物损失量：渔业生物损失量计算公式为

$$Y_1 = \sum_{i=1}^{n}\left(\frac{Y_{ui}}{E_i}\right) \times A_p \times R_i \tag{6.10}$$

式中，Y_{ui}为第 i 种渔业生物平均单位产量，是事故前 3 年的平均值(kg/km^2)；A_p为污染面积(km^2)；R_i为第 i 种渔业生物损失率(%)；E_i为第 i 种渔业生物开发率(%)。

6.2.1.8　鱼卵、仔稚鱼损失评估方法

(1) 适用范围：本方法适用于天然渔业水域鱼卵、仔稚鱼的损失评估，苗种场鱼卵、仔稚鱼损失量的计算可以参照本方法。

(2) 鱼卵、仔稚鱼损失量：鱼卵、仔稚鱼损失量计算公式为

$$Y_Z = D \times V_p \times T \times R \tag{6.11}$$

式中，D 为污染前(与污染后同区、同期)鱼卵、仔稚鱼平均单位水体数量(粒/km^2、粒/m^3、尾/km^2、尾/m^3)；V_P为污染水体面积或体积(km^2、m^3)；T 为损害事故的持续周期数(个)，鱼卵以 10 天为 1 个计算周期，仔稚鱼以 30 天为 1 个计算周期；R 为鱼卵仔稚鱼损失率(%)。

注意：当条件不能满足时，可参照比较法计算鱼卵、仔稚鱼的损失。

6.2.2　渔业污染事故经济损失评估方法

6.2.2.1　直接经济损失计算方法

(1)直接经济损失：直接经济损失计算公式为

$$L_e = \sum_{i=1}^{n}(Y_{li} \times P_{di} - F_i) \tag{6.12}$$

式中，Y_{li}为第 i 种渔业资源、渔业生物的现存量(kg、尾、个)；P_{di}为第 i 种渔业生物的当地平均价格(元/kg、元/尾、元/个)；F_i为第 i 种渔业生物的后期投资(元)。

(2)污染导致价格下降的经济损失:因污染造成污染区的水产品价格下降的经济损失计算公式为

$$L_{e}=\sum_{i=1}^{n} Y_{1i} \times (P_{di}-P_{i}) \tag{6.13}$$

式中,P_i是受污染后第 i 种渔业生物的价格(元/kg、元/尾、元/个)。

6.2.2.2 鱼卵、仔稚鱼经济损失计算方法

鱼卵、仔稚鱼经济损失计算公式如下:

$$L_{Z}=Y_{Z} \times P_{d} \times K_{h} \tag{6.14}$$

式中,Y_Z为鱼卵、仔稚鱼损失量(粒、尾);P_d为当地鱼类苗种的平均价格(元/尾);K_h为由鱼卵、仔稚鱼换算为商品苗种规格的比例(%),鱼卵生长到商品苗种规格按 1%的成活率计算,仔稚鱼生长到苗种规格按 5%的成活率计算。

6.2.2.3 天然渔业资源损失恢复费用的估算

(1)估算原则:天然渔业资源损失恢复费用的估算有增殖恢复法和推算法两种,可根据实际情况选择适用的计算方法。

天然渔业资源污染损害的恢复费用为可直接增殖放流的资源恢复费用、替代增殖法的资源恢复费用和其他种类的资源恢复费用三部分的总和。

(2)增殖恢复法:增殖恢复法是计算天然渔业资源损失的常用方法,包括直接增殖放流法、替代增殖法、其他种类评估法。

①直接增殖放流法:通过直接增殖放流法,计算天然渔业资源损失恢复费用的公式为

$$L_{e}=\sum_{i=1}^{n} \frac{Y_{i}}{k_{i}} \times P_{di} \times 10^{-4}+L_{mi} \tag{6.15}$$

式中,Y_i为第 i 种渔业生物损失量(尾);k_i为第 i 种直接增殖放流生物在评估海域的成活率(%);P_{di}为第 i 种生物苗种单位价格(元/尾);L_{mi}为第 i 种增殖放流生物苗种运输、人工放流等费用(元)。

②替代增殖法:通过替代增殖法,计算天然渔业资源损失恢复费用的公式为

$$L_{t}=\sum_{i=1}^{n} \frac{Y_{i}}{k_{i}} \times J_{i} \times P_{di} \times 10^{-4}+L_{mi} \tag{6.16}$$

式中,J_i为第 i 种损失生物的替代系数(为替代种类单价与被替代种类单价之比)。

③其他种类评估法:其他受损渔业资源种类的恢复费用参照直接增殖放流生物的资源恢复费用与直接损失之比,推算不可替代种类的资源恢复费用为直接损失额的倍数。

(3)推算法:由于渔业水域的环境被污染和破坏造成了天然渔业资源损害,因此在计算经济损失时应考虑天然渔业资源的恢复费用。天然渔业资源的恢复费用为直接损失额的 3 倍以上。

6.3　海洋动植物损害鉴定基线确认方法

6.3.1　历史资料法

历史资料法是常用的海洋动植物资源密度背景值的确认方法,即选择 3 年内与损害事故发生在同一季节的损害事故海域的历史资料本底值作为背景值,无 3 年内背景值可选 3 年外背景值。历史资料应为近 3 年由政府部门或有资质的研究部门公布的最新资料。污染损害应在调查数据的基础上与历史资料比对,必要时进行适当修正。

6.3.2　对照区法

对照区指在海洋环境污染调查中所选定的与污染区进行对比分析的无污染地区。在调查海洋动植物污染损害时,通常需要在污染区附近寻找一个水文地质条件类似的非污染区域,以便与污染区进行对比,从而研究海洋动植物污染损害的情况。通过研究对照区的动植物种类、数量来分析污染区的污染情况,以确认污染损害的程度。这种方法被称为"对照区法"。

当已有历史资料满足不了评估要求时,可采用受影响范围邻近海域的非污染区的实际监测资料作为背景值,并以该海域 3 年以上的历史资料作为参考。

第7章　其他海洋环境损害司法鉴定

7.1　非法围填海致海洋环境损害司法鉴定

7.1.1　调查分析内容

对于非法围填海工程造成的生态环境损害，进行海洋环境损害司法鉴定时应调查围填海项目的基本情况，包括项目的地理位置、总体布局、平面设计、用海布置、围填海面积、岸线利用、用海方式，以及规划开发的产业布局、规模等；介绍围填海项目的实施情况和施工工艺，并附加工程平面布置图和典型剖面图等图件；阐明项目周边的海域概况、海域开发利用现状等。然后，对水文动力环境、地形地貌和冲淤环境、海水水质和沉积物环境、海洋生物生态、生态敏感目标、其他环境等进行资料调查与分析评估。

(1)水文动力环境影响评估：根据围填海项目实施前后的水文动力观测资料，对比分析项目实施前后潮流(流速和流向)、潮位和波浪等特征值的变化。对位于海湾的围填海项目，应对比分析项目实施前后纳潮量和水体交换量(率)的变化等。对位于河口的围填海项目，应分析项目实施前后对行洪安全的影响。

(2)地形地貌和冲淤环境影响评估：根据围填海项目实施前后的水深地形资料，结合数值模拟计算结果，对比分析围填海项目实施前后地形地貌的变化(含岸线变化)、近岸输沙特征、泥沙运移趋势和冲淤变化等。

(3)海水水质和沉积物环境影响评估：根据围填海项目实施前后的海水水质和沉积物调查资料，结合调查站位所在海洋功能区的环境保护要求，分析评估项目实施前后海水水质和沉积物质量变化的情况。

(4)海洋生物生态影响评估：根据围填海项目实施前后的海洋生物生态调查资料，对比分析项目实施前后叶绿素a、初级生产力、浮游生物、鱼卵及仔稚鱼、底栖生物、游泳生物、潮间带生物等海洋生物质量的变化情况。

(5)生态敏感目标影响评估:评估范围内存在重要滨海湿地(河口、红树林、珊瑚礁等)、海洋保护区、珍稀濒危海洋生物集中分布区、重要渔业水域(重要经济鱼类产卵场、索饵场、越冬场、洄游通道)、海洋自然历史遗迹和自然景观等生态敏感目标的,应阐明生态敏感目标状况,分析围填海项目对海洋生态保护红线等生态敏感目标造成的影响。涉及鸟类迁徙栖息地、觅食地的围填海项目应开展鸟类影响评估。

(6)其他环境影响评估:围填海项目对涉及的陆域或海岛等近岸生态环境产生影响或造成损害时,应分析其对近岸自然保护区、近岸和陆地生态系统、海岛生态系统等造成的影响。

7.1.2 鉴定方法

7.1.2.1 面积测算方法

(1)测量基准:

坐标系统:CGCS 2000 大地坐标系。

投影方式:高斯-克吕格投影。

中央经线:122°E。

高程系统:1985 年国家高程基准。

(2)仪器设备与测量方法:

现场勘测采用美国天宝(Trimble)公司生产的 R8s GNSS RTK 测量系统,Trimble R8s GNSS 支持范围宽广的卫星信号,包括 GPS L2C 和 L5 信号以及 GLONASS L1/L2 双频信号。在静态和快速静态 GNSS 测量模式下的测量精度:水平方向为3 mm+0.1 ppm RMS,垂直方向为 3.5 mm+0.4 ppm RMS。在动态测量模式下的测量精度:水平方向为 10 mm+1 ppm RMS,垂直方向为 20 mm+1 ppm RMS。Trimble R8s GNSS 测量精度满足海籍测量中宗海界址点的精度要求。

7.1.2.2 海洋生态损失评估方法

围填海项目建设期间和恢复期间总生态损失为占用海域的海洋生物资源损失和海洋生态系统服务损失的和。

(1)海洋生态系统服务功能损失:海洋生态系统服务功能损失的计算公式为

$$L = S \times \mathrm{hy} \times T \times p \tag{7.1}$$

式中,S 为占用海域面积(hm^2);hy 是不同类型生态系统价值(元 · hm^{-2} · a^{-2});T 为占用海域期限(a);p 为建设项目占用海域生态系统服务损害系数,围填海工程的损害系数为1。

(2)海洋生物资源损失：围填海工程占用了渔业水域，使海域功能破坏、海洋生物栖息地完全丧失。因此，该类生物资源损害的评估可参照《建设项目对海洋生物资源影响评价技术规程》(SC/T 9110 2007)中的方法进行。

①海洋生物资源损害量的评估：海洋生物资源损害量的计算公式为

$$W_i = D_i \times S_i \tag{7.2}$$

式中，D_i 为评估区域内第 i 种生物资源的密度(尾/km^2、尾/km^3、个/km^2、个/km^3、kg/km^2)；S_i 为第 i 种生物占用的渔业水域的面积或体积(km^2或 km^3)。

②海洋生物资源经济价值计算：鱼卵、仔稚鱼经济价值应折算成鱼苗进行计算，即

$$M = W \times P \times E \tag{7.3}$$

式中，W 为鱼卵和仔稚鱼的损失量(个、尾)；P 为鱼卵和仔稚鱼折算为鱼苗的换算比例，鱼卵生长到商品鱼苗按1%的成活率计算，仔稚鱼生长到商品鱼苗按5%的成活率计算；E 为鱼苗的商品价格，按当地主要鱼类苗种的平均价格计算(元/尾)。

底栖生物经济价值为

$$M = W \times E \tag{7.4}$$

式中，M 为底栖生物的经济损失金额(元)；W 为底栖生物的资源损失量(kg)；E 为底栖生物的资源价格，按主要经济种类的当地市场平均价格计算(元/kg)。

③海洋生物资源损害补偿：围填海工程项目是完全占用海域，使生物资源栖息地丧失，属于不可逆影响。占用渔业水域的生物资源损害补偿情况为：占用年限3～20年的，按实际占用年限补偿；占用年限20年以上的，按不低于20年的年限补偿。

(3)现值系数：根据《环境损害鉴定评估推荐方法(第Ⅱ版)》，现值系数是指对过去资源、服务的损失进行现值计算，或对未来资源、服务的损失进行贴现计算。对围填海工程致海洋生态系统服务功能损失和海洋生物资源损失的计算方法都是基于现值价值和价格的，本身内含现值换算。所以，为了科学合理地进行鉴定，围填海工程致海洋生态系统服务功能损失和海洋生物资源损失的鉴定不再进一步考虑现值系数的问题。

7.2 非法开采海砂致海洋环境损害司法鉴定

7.2.1 调查内容

对于非法开采海砂造成生态环境损害的司法鉴定，应先调查非法开采海砂项目所处海域的自然概况、生态环境、海域使用、社会经济等，开展现场调查和社会经济调查，对海

砂开采行为进行生态影响分析，初步筛选出评估的范围和对象。然后，确定非法开采海砂的开采方式、采沙频率、占用海域情况，分析受损海域范围、影响持续期限、影响程度，分析受损海域是否存在保护区、生态红线区、特殊生态类型及保护物种、珍稀濒危物种和其他重要物种保护区，确定受损海域的生态资本基准值、恢复期限、损害系数。

7.2.2　鉴定方法

海砂开采海域的生态损失等于该海域的生物资源损失和生态系统服务损失的总和。海砂开采应分别计算开采期和恢复期的生态损失，即

$$\mathrm{EL}=\mathrm{LLR}+\mathrm{LES} \tag{7.5}$$

$$\mathrm{LLR}=S\times\mathrm{VLR}\times\mathrm{DLR} \tag{7.6}$$

$$\mathrm{LES}=S\times\mathrm{VES}\times\mathrm{DES}\times T \tag{7.7}$$

式中，EL 为海砂开采海域生态损失（万元）；LLR 为海砂开采海域生物资源损失（万元）；LES 为海砂开采海域生态系统服务损失（万元）；S 为海砂开采海域面积（hm^2）；VLR 为海砂开采海域生物资源基准值（万元・hm^{-2}・a^{-1}）；DLR 为海砂开采海域生物资源损害系数；VES 为海砂开采海域生态系统服务基准值（万元・hm^{-2}・a^{-1}）；DES 为海砂开采海域生态系统服务损害系数；T 为占用海域损害期限（a）。

非法开采海砂的恢复期一般为 2 年。

7.2.3　案例

××非法开采海砂致海洋生态损失司法鉴定

【案情简介】

2018 年，执法人员在海上成功截获一艘采砂船，该船没有海域使用权证、采矿许可证，没有采砂资质，为非法采砂作业船。该船先后 11 次到青岛前海锚地、大珠山海域大量盗采海砂，造成了海域环境生态损害。为此，××检察院委托山东海事司法鉴定中心对本次非法盗采海砂造成的海洋生态损失进行鉴定。

【鉴定过程】

鉴定人根据委托方提供的相关询问（讯问）笔录以及发、破案经过等材料，并查阅大量文献资料，对本次非法开采海砂海域的环境功能、地理位置、采砂范围、采砂量、损害持续时间、损害系数等进行确定，对采砂海域的敏感性及海砂开采的生态影响进行分析和论证。然后根据国家和山东省地方规范中的方法和标准，对其造成的海洋生态损失进行司法鉴定。

【分析说明】

海砂开采影响海域生态损失为破坏海域的生物资源损失和海洋生态系统服务损失

的总和。根据采砂地理坐标，计算并确定盗采海砂的影响面积为104 hm^2。根据山东省地方规范，确定海洋生物资源基准值、海洋生态系统服务基准值等。非法开采海砂的作业海域全部位于青岛市文昌鱼水生野生动物自然保护区的核心区内，此区域属于禁采区，海砂的开采不仅破坏了文昌鱼的栖息环境，还会改变口门断面的形态和水质环境，破坏海域的海洋生态环境。因此确认采砂造成的海洋生物资源损失和生态系统服务损失是一次性损失。经过分析论证和计算，非法采砂造成的海洋生态损失为120.22万元，其中包括采砂期海洋生态损失67.55万元，恢复期海洋生态损失52.67万元。

【鉴定意见】

本次非法采砂造成的海洋生态损失为120.22万元。

【案例意义】

这是一起典型的非法盗采海砂的公益诉讼案例，法院最终的判决完全采信了鉴定机构出具的司法鉴定意见书，判处非法采砂者赔偿其行为造成的海洋生态损失，使得国家利益和社会公共利益得到了维护，打击了违法犯罪分子，保护了海洋生态环境。

7.3 非法捕捞渔业资源损害司法鉴定

7.3.1 调查内容

非法捕捞渔业资源损害司法鉴定一般为抓获非法捕捞船只后向法院提起的公益诉讼案件。该类案件鉴定需要涉案的具体资料，主要包括：①犯罪事实、犯罪证据。②非法捕捞的海域或捕捞的具体地理位置，用于分析是否处于禁渔区。③非法捕捞的起止时间，用于分析是否为禁渔期。④捕获使用的渔具。⑤非法捕捞的品种、规格、数量，各捕获物在当地的价格。⑥其他相关询问、讯问笔录。

通过以上资料，对非法捕捞水产品的行为是否造成渔业资源的损害、若造成损害该如何进行修复以及修复所需要的费用等问题进行鉴定评估。

7.3.2 鉴定方法

在禁渔期非法捕捞水产品会影响鱼类的正常生长和繁殖，对渔业资源和海洋生态环境造成严重损害。渔业资源恢复的措施主要包括水产种苗的增殖放流、建设人工鱼礁等，水产种苗的增殖放流是目前最行之有效的渔业资源恢复措施。

对于非经济性鱼类，且属于非增殖放流品种的，可采用单价比较低的增殖放流品种来进行替代。人们可通过非法捕捞的产量及规格计算捕捞鱼种的数量，根据捕捞地的增

殖放流价格，确定恢复渔业资源所需的费用。

对于经济型鱼类，且已达成品鱼的，则按照以下方式计算直接经济损失

$$L_e = Y_1 \times P_d - F \tag{7.8}$$

式中，Y_1为渔业生物损失量(kg)；P_d为渔业生物当地的平均价格(元/kg)；F 为后期投资。

根据《渔业污染事故经济损失计算方法》(GB/T 21678—2018)，渔业水域环境污染造成天然渔业资源损害的，在计算经济损失时应考虑天然渔业资源的恢复费用。天然渔业资源的恢复费用为直接损失额的3倍以上，人们可据此计算非法捕捞造成渔业资源损害的费用。

7.3.3　案例

××非法捕捞水产品造成海洋环境渔业资源损害司法鉴定

【案情简介】

在××海域发现渔船正在海上航行，执法人员对该渔船进行了临检，发现该渔船进行了非法捕捞，查获大量鳀鱼(91 040 kg)，拍卖价值92 860.8元。

接受案件委托后，山东海事司法鉴定中心对××非法捕捞水产品的行为是否造成海洋渔业资源损害、修复被损害的海洋渔业资源的方式以及修复所需的费用等进行鉴定。

【鉴定过程】

根据《××渔船禁渔期非法捕捞调查报告》和相关询问笔录等资料，依据国家规范和标准，对××渔船非法捕捞的海产品的数量、种类、规格等进行鉴定，确定渔业资源恢复的方法、增殖放流的品种等，并对恢复费用进行司法鉴定。

【分析说明】

在禁渔区、禁渔期非法捕捞海洋环境水产品会影响鱼类的正常生长和繁殖，会对渔业资源和海洋生态环境造成严重损害。海洋环境渔业资源恢复的措施主要包括水产种苗的增殖放流、建设人工鱼礁等，通过水产种苗的增殖放流方式补充非法捕捞的水产品是目前行之有效的渔业资源恢复措施。

鳀鱼等非经济性鱼类属于非增殖放流品种，可采用单价比较低的增殖放流品种——中国对虾进行替代。通过非法捕捞的产量及规格计算鳀鱼的数量，并根据对虾增殖放流价格来确定恢复渔业资源所需的费用。根据委托方提供的资料，非法捕捞鳀鱼的最大体长规格为7～8 cm，最小体长规格为2～3 cm，平均体长规格为5～6 cm，没有达到成鱼规格，属幼鱼阶段，体长约为成鱼的1/2，体重按成鱼的1/2(即5.1 g)进行计算。

按照当地增殖放流中国对虾种苗价格进行鉴定评估。增殖放流中国对虾的种苗数量为8.925×10^7尾，鳀鱼渔业资源的恢复费用为75.86万元。

【鉴定意见】

(1)非法捕捞水产品的行为造成了海洋环境渔业资源的损害。

(2)采用增殖放流中国对虾的方式进行海洋环境渔业资源的恢复,放流中国对虾种苗的数量为 8.925×10^7 尾。

(3)非法捕捞水产品造成海洋环境渔业资源损害所需的恢复费用为75.86万元。

【案例意义】

本案是一起有关海洋自然资源与生态环境损害赔偿纠纷的典型公益诉讼案件。案件最终的判决完全采信鉴定机构出具的司法鉴定意见,判处非法捕捞者按照意见书给出的结果对捕捞海区进行恢复。

禁渔期、禁渔区的非法捕捞行为严重影响了渔业资源的正常生长、繁殖和生殖群体的补充,造成了海洋渔业资源的减少。该案的鉴定对于保护海洋近海渔业资源起到了积极作用,有效保护了海洋生物的正常生长和繁殖,让海洋生物得以休养生息,保证了海洋渔业资源的恢复,维持了海洋生态的平衡。

参考文献

[1]国家海洋环境监测中心.海洋监测规范:第2部分　数据处理与分析质量控制:GB 17378.2—2007[S].北京:中国标准出版社,2007.

[2]国家环境保护局.海水水质标准:GB 3097—1997[S].北京:中国标准出版社,1997.

[3]国家海洋局国家海洋环境监测中心.海洋沉积物质量:GB 18668—2002[S].北京:中国标准出版社,2002.

[4]国家海洋局第三海洋研究所.海洋生物质量:GB 18421—2001[S].北京:中国标准出版社,2001.

[5]国家海洋局北海分局,国家海洋局北海监测中心.海面溢油鉴别系统规范:GB/T 21247—2007[S].北京:中国标准出版社,2007.

[6]国家海洋局第三海洋研究所,国家海洋局生态环境保护司,国家海洋局北海环境监测中心,等.海洋生态损害评估技术导则:第1部分　总则:GB/T 34546.1—2017[S].北京:中国标准出版社,2017.

[7]国家海洋局北海环境监测中心,中国海洋大学,中国科学院海洋研究所,等.海洋生态损害评估技术导则:第2部分　海洋溢油:GB/T 34546.2—2017[S].北京:中国标准出版社,2017.

[8]中国水产科学研究院黄海水产研究所.渔业污染事故经济损失计算方法:GB/T 21678—2018[S].北京:中国标准出版社,2018.

[9]中国水产科学研究院黄海水产研究所,中国水产科学研究院东海水产研究所,中国水产科学研究院南海水产研究所.建设项目对海洋生物资源影响评价技术规程:SC/T 9110—2007[S].北京:中国标准出版社,2007.

[10]国家海洋局第一海洋研究所,中国海洋大学,中国水产科学研究院黄海水产研究所.用海建设项目海洋生态损失补偿评估技术导则:DB37/T 1448—2016[S].济南:山东省质量技术监督局,2016.

[11]周新锋,李继红,王帅,等.沉积物物源分析方法综述[J].地下水,2013,35(1):107-108.

[12]李宣玥,尹太举,柯兰梅,等.渤海湾盆地黄河口凹陷明化镇组下段物源分析[J].石油天然气学报,2012,34(2):36-40,165.

[13]毛光周,刘池洋.地球化学在物源及沉积背景分析中的应用[J].地球科学与环境学报,2011,33(4):337-348.

[14]赵红格,刘池洋.物源分析方法及研究进展[J].沉积学报,2003(3):409-415.

[15]陈全红,李文厚,胡孝林,等.鄂尔多斯盆地晚古生代沉积岩源区构造背景及物源分析[J].地质学报,2012,86(7):1150-1162.

[16]黎鹤仙,谭春兰.浙江省海洋生态系统服务功能及价值评估[J].江苏农业科学,2013,41(4):307-310.

[17]张朝晖,吕吉斌,丁德文.海洋生态系统服务的分类与计量[J].海岸工程,2007(1):57-63.

[18]王其翔,唐学玺.海洋生态系统服务的内涵与分类[J].海洋环境科学,2010,29(1):131-138.

[19]张朝晖,周骏,吕吉斌,等.海洋生态系统服务的内涵与特点[J].海洋环境科学,2007,26(3):259-263.

附　录

附录 1　司法鉴定委托书格式

司法鉴定委托书

编号：

<table>
<tr><td>委 托 人</td><td></td><td>联系人(电话)</td><td></td></tr>
<tr><td>联系地址</td><td></td><td>承 办 人</td><td></td></tr>
<tr><td>司法鉴定
机　构</td><td colspan="3">名　称：
地　址：　邮　编：
联 系 人：　联系电话：</td></tr>
<tr><td>委　托
鉴定事项</td><td colspan="3"></td></tr>
<tr><td>是否属于
重新鉴定</td><td colspan="3"></td></tr>
</table>

<table>
<tr><td>鉴定用途</td><td colspan="2"></td></tr>
<tr><td>与鉴定有关
的基本案情</td><td colspan="2"></td></tr>
<tr><td>鉴定材料</td><td colspan="2"></td></tr>
<tr><td rowspan="2">预计费用
及收取方式</td><td colspan="2">预计收费总金额：¥：　　　　　　，大写：　　　　　　。</td></tr>
<tr><td colspan="2"></td></tr>
<tr><td>司法鉴定
意见书
发送方式</td><td colspan="2">□自取
□邮寄　地址：
□其他方式（说明）</td></tr>
</table>

约定事项：

1.(1)关于鉴定材料：

所有鉴定材料无需退还。

鉴定材料须完整、无损坏地退还委托人。

因鉴定需要，鉴定材料可能会损坏、耗尽，导致无法完整退还。

对保管和使用鉴定材料的特殊要求： 。

(2)关于剩余鉴定材料：

委托人于______周内自行取回。委托人未按时取回的，鉴定机构有权自行处理。

鉴定机构自行处理。如需要发生处理费的，按有关收费标准或协商收取______元处理费。

其他方式：

2.鉴定时限：

年______月______日之前完成鉴定，提交司法鉴定意见书。

从该委托书生效之日起______个工作日内完成鉴定，提交司法鉴定意见书。

注：鉴定过程中补充或者重新提取鉴定材料所需的时间，不计入鉴定时限。

3.需要回避的鉴定人： ，回避事由： 。

4.经双方协商一致，鉴定过程中可变更委托书内容。

5.其他约定事项：

<table>
<tr><td>鉴定风险
提　示</td><td>1. 鉴定意见属于专家的专业意见，是否被采信取决于办案机关的审查和判断，鉴定人和鉴定机构无权干涉；
2. 由于受鉴定材料或者其他因素限制，并非所有的鉴定都能得出明确的鉴定意见；
3.鉴定活动遵循依法独立、客观、公正的原则，只对鉴定材料和案件事实负责，不会考虑是否有利于任何一方当事人。</td></tr>
<tr><td>其他需要
说明的事项</td><td></td></tr>
<tr><td>委托人
（承办人签名或者盖章）
×年×月×日</td><td>司法鉴定机构
（签名、盖章）
×年×月×日</td></tr>
</table>

注：1.“编号”由司法鉴定机构缩略名、年份、专业缩略语及序号组成。

2.“委托鉴定事项”用于描述需要解决的专门性问题。

3.在“鉴定材料”一项，应当记录鉴定材料的名称、种类、数量、性状、保存状况、收到时间等，如果鉴定材料较多，可另附《鉴定材料清单》。

4.关于“预计费用及收取方式”，应当列出费用计算方式；概算的鉴定费和其他费用，其中其他费用应尽量列明所有可能的费用，如现场提取鉴定材料时发生的差旅费等；费用收取方式、结算方式，如预收、后付或按照约定方式和时间支付费用；退还鉴定费的情形等。

5.在“鉴定风险提示”一项，鉴定机构可增加其他的风险告知内容，有必要的，可另行签订风险告知书。

附录 2　司法鉴定意见书格式

×××司法鉴定中心(所)

司法鉴定意见书

司法鉴定机构许可证号：________________

声　明

1. 司法鉴定机构和司法鉴定人根据法律、法规和规章的规定，按照鉴定的科学规律和技术操作规范，依法独立、客观、公正进行鉴定并出具鉴定意见，不受任何个人或者组织的非法干预。

2. 司法鉴定意见书是否作为定案或者认定事实的根据，取决于办案机关的审查判断，司法鉴定机构和司法鉴定人无权干涉。

3. 使用司法鉴定意见书，应当保持其完整性和严肃性。

4. 鉴定意见属于鉴定人的专业意见。当事人对鉴定意见有异议，应当通过庭审质证或者申请重新鉴定、补充鉴定等方式解决。

地　　址：

联系电话：

×××司法鉴定中心(所)

司法鉴定意见书

编号：　　(司法鉴定专用章)

1.基本情况

2.基本案情

3.资料摘要

4.鉴定过程

5.分析说明

6.鉴定意见

7.附件

司法鉴定人签名(打印文本和亲笔签名)

及《司鉴定人执业证》证号(司法鉴定专用章)

年　月　日

共　　页第　　页

注：1.本司法鉴定意见书文书格式包含了司法鉴定意见书的基本内容，各省级司法行政机关或司法鉴定协会可以根据不同专业的特点制定具体的格式，司法鉴定机构也可以根据实际情况作合理增减。

2.关于“基本情况”，应当简要说明委托人、委托事项、受理日期、鉴定材料等情况。

3.关于“资料摘要”，应当摘录与鉴定事项有关的鉴定资料，如法医鉴定的病史摘要等。

4.关于“鉴定过程”，应当客观、翔实、有条理地描述鉴定活动发生的过程，包括人员、时间、地点、内容、方法，鉴定材料的选取、使用，采用的技术标准、技术规范或者技术方法，检查、检验、检测所使用的仪器设备、方法和主要结果等。

5.关于“分析说明”，应当详细阐明鉴定人根据有关科学理论知识，通过对鉴定材料，检查、检验、检测结果，鉴定标准，专家意见等进行鉴别、判断、综合分析、逻辑推理，得出鉴定意见的过程。要求有良好的科学性、逻辑性。

6.司法鉴定意见书各页之间应当加盖司法鉴定专用章红印，作为骑缝章。司法鉴定专用章制作规格为：直径 4 cm，中央刊五角星，五角星上方刊司法鉴定机构名称，自左向右呈环行；五角星下方刊司法鉴定专用章字样，自左向右横排。印文中的汉字应当使用国务院公布的简化字，字体为宋体。民族自治地区司法鉴定机构的司法鉴定专用章印文应当并列刊汉字和当地通用的少数民族文字。司法鉴定机构的司法鉴定专用章应当经登记管理机关备案后启用。

7.司法鉴定意见书应使用 A4 纸，文内字体为 4 号仿宋，两端对齐，段首空两格，行间距一般为1.5 倍。